DAS BIENENJAHR

ulmer

Wolfgang Ritter | Ute Schneider-Ritter

DAS BIENENJAHR

Imkern nach den 10 Jahreszeiten der Natur

Ein phänologischer Arbeitskalender. Imkern in Zeiten des Klimawandels

INHALT

VORFRÜHLING
22

ERSTFRÜHLING
44

VOLLFRÜHLING
66

FRÜHSOMMER

88

HOCHSOMMER

108

SPÄTSOMMER

132

FRÜHHERBST

150

VOLLHERBST

168

SPÄTHERBST

186

WINTER

202

SERVICE

220

VORWORT

Ein Arbeitskalender zum „Imkern nach den 10 Jahreszeiten“ klingt zuerst einmal etwas fremd. Schließlich teilt man das Jahr normalerweise nur in die vier Jahreszeiten Frühling, Sommer, Herbst und Winter ein. Doch im Gegensatz zu diesen fest vorgegebenen meteorologischen Jahreszeiten hält sich der phänologische Kalender an bestimmte Erscheinungen in der Natur. Die sich daraus ergebenen 10 Jahreszeiten treten abhängig vom bestehenden Klima zu einem unterschiedlichen Datum ein und sind außerdem verschieden lang. Besonders die bestäubenden Insekten, wie die Honigbienen, sind in ihrer Entwicklung von diesen Abläufen abhängig.

Anweisungen für die Bienenhaltung richten sich im Allgemeinen nach den imkerlichen Erfahrungen der jeweiligen Autor*innen. Bei der vom Beutentyp abhängigen Betriebsweise und der nach Früh- oder Spättracht ausgerichteten Völkerführung fallen Unterschiede sofort auf. Dass die monatlichen Angaben von den klimatischen Bedingungen der jeweiligen Umgebung geprägt sind, wird dabei oft übersehen. So entwickeln sich entsprechend den Blühzeiten die Bienenvölker im Süden früher als im Norden und in höheren Lagen später als in tieferen, was zwangsläufig auch die monatlichen Angaben der in der Imkerei notwendigen Arbeitsschritte verschiebt.
Als die Zeitschrift „bienen&natur“ vor einigen Jahren nach einer Monatsbetrachtung nachfragte, war schnell klar, dass wir uns an diese „neue“ Sichtweise heranwagen wollten. Der damalige Chefredakteur Dr. Jürgen Schwenkel war bereit, bei diesem Experiment mitzugehen. Die insgesamt positive, ja sogar überwältigende Resonanz der Leser*innen hat uns ermutigt, dieses Thema auch in einem Buch aufzunehmen, vor allem, da wir in der Zeitschrift das Problem der monatlichen Ausgabe hatten. Da sollten diejenigen im Norden, die gerade den ersten Blick ins Bienenvolk wagten, sich in derselben Zeitung wiederfinden wie die im Süden, die bereits über das Erweitern nachdachten. Um alles unter einen Hut zu bringen, musste manches zurechtgebogen werden.

Dieses Buch über das Imkern in den 10 Jahreszeiten des phänologischen Kalenders ist frei von diesen Zwängen. In einer Imkerei an der Küste wird man das Kapitel „Vorfrühling“ einfach später aufschlagen als bei uns im Südwesten. Doch nicht nur die geografischen Unterschiede bzw. die der Naturräume können so ausgeglichen werden, sondern auch die Unterschiede zwischen den einzelnen Jahren. Denn schon immer gab es Ausreißer. Seit einiger Zeit machen sich aber auch die langfristigen, durch den Klimawandel hervorgerufenen Veränderungen in der Imkerei bemerkbar. Zahlreiche Pflanzen blühen heute früher, wodurch sich auch die Bienenvölker schneller entwickeln und zeitigere Eingriffe notwendig machen. Am gravierendsten wirkt sich dies auf den Verlauf von Krankheiten aus. Wer sich hier vorrangig an die monatlichen Angaben hält, kann weder eine optimale Diagnose noch Bekämpfung durchführen, geschweige denn eine aktive Vorbeugung betreiben.

Wir haben deshalb in jeder Jahreszeit die Vorbeugung, das Erkennen und die Bekämpfung von Krankheiten in Übersichten dargestellt. Wo es notwendig erscheint, wird das Thema zusätzlich vertieft. Wer noch mehr wissen will, wird dies in weiterführender Literatur finden. Das gilt natürlich erst recht für die imkerlichen Anweisungen. Hier hilft Ihnen das Buch, alles zeitlich einzuordnen, an wichtige Schritte zu denken und vor möglichen Überraschungen geschützt zu sein. Auf die unterschiedlichen Betriebsweisen kann nur zum Teil und nur auf das Wichtigste eingegangen werden. Hier kann das Buch aber eine Leitlinie geben, die besonders die ambitionierten Anfänger*innen in speziellen Büchern weiter vertiefen müssen. Weiter Fortgeschrittene und Profis können dagegen alles direkt umsetzen.
Wir beide, Ute und Wolfgang, sind erfahrene Imker, die schon immer die Praxis mit der Wissenschaft verbunden haben. Wir haben in vielen Regionen der Welt mit Bienen gearbeitet und dabei immer wieder Althergebrachtes hinterfragt und Neues kritisch beleuchtet. Zusammen mit unserem ältesten Sohn Martin versuchen wir zurzeit mit unserem Start-up „Bees for the world“ die Ost-Afrikaner von der europäischen Betriebsweise abzubringen und von ihrem eigenen viel erfolgreicheren Weg zu überzeugen.

Das Imkern lernten wir beide in der Hinterbehandlungsbeute und im Zandermagazin bei den Imkermeistern Walter Götz und Werner Würkner. In unserer eigenen Imkerei im Schwarzwald hielten wir anschließend 30 Jahre am Zandermaß fest und sind erst in den letzten 10 Jahren auf Dadant in der Großraumbeute umgestiegen.

Wir hoffen, dass wir Sie mit diesem Buch dazu anregen können, Ihre imkerlichen Arbeitsschritte an den Takt der Natur anzupassen, um so zum Wohlbefinden der Honigbienen beizutragen. Dies fördert deren Selbstheilungskraft und dient letztendlich dem Erhalt dieser wichtigen Bestäuber.

Viel Freude beim Lesen und Umsetzen wünschen
Wolfgang Ritter und Ute Schneider-Ritter
aus Freiburg im Breisgau

DER PHÄNOLOGISCHE KALENDER ALS TAKTGEBER DER NATUR

Der phänologische Kalender ist einer der interessantesten und lohnendsten Vorgänge für alle, die sich für die Natur begeistern, einen Garten oder ein Feld bewirtschaften oder Bienen möglichst naturgemäß halten wollen. Als Teilwissenschaft der Meteorologie beschäftigt sich die Phänologie mit den jährlich wiederkehrenden Erscheinungsformen der Natur. Der Begriff ist dem Altgriechischen entlehnt und bedeutet „Lehre von den Erscheinungen". Dazu werden im Jahresablauf periodisch wiederkehrendes Verhalten von Tieren sowie charakteristische Wachstums- und Entwicklungserscheinungen bei Pflanzen beobachtet. Da die meisten Tiere extremen Situationen ausweichen können, aber alle in der Nahrungskette in irgendeiner Form von Pflanzen abhängig sind, werden in der Phänologie vorzugsweise Vegetationsperioden charakteristischer Pflanzen festgehalten.

Bereits vor langer Zeit begannen die Menschen die Vorgänge in der Natur zu beobachten. So haben die Chinesen und Römer bereits vor über 2000 Jahren die optimalen Zeiten für die Aussaat anhand von phänologischen Beobachtungen festgelegt. Für die Neuzeit gilt der Naturforscher Carl von Linné als Vater der Phänologie, der bereits im 18. Jahrhundert in Schweden ein kleines Beobachtungsnetz aufbaute. Dabei stellte er fest, dass die Bildung von Knospen, das Blühen sowie die Reifung von Früchten und Samen bei bestimmten Pflanzen verschiedene Jahreszeiten anzeigen. Der Zeitpunkt, an dem diese Erscheinungen auftreten, wird in einem phänologischen Kalender festgehalten.

Während der gregorianische Kalender das Jahr nach astronomischen Messungen fast auf den Tag genau in die vier Jahreszeiten einteilt, kennt der phänologische Kalender insgesamt 10 Phasen bzw. Jahreszeiten: Vorfrühling, Erstfrühling, Vollfrühling, Frühsommer, Hochsommer, Spätsommer, Frühherbst, Vollherbst, Spätherbst und Winter. Deren Anfang und Ende können in jedem Jahr je nach klimatischen Verhältnissen und Region auf ein anderes Datum fallen und so unterschiedlich lang sein. Bestimmte Zeigerpflanzen markieren den Beginn einer Phase. Manche stehen sogar für verschiedene Phasen: So zeigt die Blüte des Schwarzen Holunders den Beginn des Frühsommers und seine Fruchtreife den Frühherbst an.

BEOBACHTER UND NATURRÄUME

Die Blüte des Apfels zeigt den Vorfrühling an.

In Deutschland gilt der Forscher Emil Werth als Gründer der Phänologie. Bereits 1921 erfasste der von ihm gegründete „Phänologische Reichsdienst" die Daten von damals über 1000 Beobachtern. Seit über 50 Jahren koordiniert und verarbeitet der Deutsche Wetterdienst (DWD) in Offenbach die von fast 1200 ehrenamtlichen Helfern auf über 1850 Stationen in allen Regionen Deutschlands erhobenen Daten. Die phänologischen Daten werden schon lange in der landwirtschaftlichen Wetterkunde für den richtigen Zeitpunkt der Bodenbearbeitung und Aussaat sowie für die Beratung bei Pflanzenkrankheiten genutzt. In der Medizin-Meteorologie verwendet man sie zur Information über den Pollenflug, um Allergiker zu warnen. Neuerdings dient sie zudem in der Wissenschaft für Klimamodelle und dabei vor allem zur Erforschung des Klimawandels → Klimaveränderungen und Bienen, S. 16.

Deutschland ist in etwa 90 Naturräume aufgeteilt. Sie unterscheiden sich vom Nachbarraum in einzelnen, mehreren oder allen Faktoren wie Relief, Vegetation, Geologie und Klima. Sie sind hierarchisch vom Großraum, über Regionen bis zu kleinen Gebieten bzw. in die Ordnungsstufen 1 bis 4 untergliedert. In den einzelnen Naturräumen kann man für die verschiedenen Ordnungsstufen die Zeitspanne des Auftretens der verschiedenen phänologischen Phasen bzw. Jahreszeiten für einen bestimmten Zeitraum aufzeigen.

Zur besseren Übersicht der phänologischen Phasen im Jahresverlauf stellt man den phänologischen Kalender häufig auch in Form einer phänologischen Uhr dar. Veränderungen in den phänologischen Phasen werden in der sogenannten „doppelten phänologischen Uhr" besonders deutlich. Dies und die aktuelle Entwicklung der Vegetation für verschiedene Zeigerpflanzen kann man auf der Internetseite des Deutschen Wetterdienstes abrufen.

Die aktuellen Daten kann man beim Deutschen Wetterdienst im Internet abrufen. Die Links im Internet für die aktuellen Daten für Deutschland, Österreich und Schweiz finden Sie im Service.

Dort werden die Blühtermine und die daraus abgeleiteten phänologischen Jahreszeiten für ganz Deutschland und nach Bundesländern aufgeschlüsselt angegeben. Die in den Karten eingezeichneten Grenzlinien sind aber keine politischen Grenzen, sondern zeigen die verschiedenen Naturräume an. Diese können nur die Situation in einzelnen Regionen wiedergeben. Daneben spielen in den einzelnen

Gebieten aber auch andere Faktoren wie Meereshöhe, Distanz zu Wasserflächen, offene oder geschützte Lagen, Windverhältnisse und die Neigung des Geländes eine wesentliche Rolle.
In der Stadt besteht eine ganz besondere Situation: Baudichte, Verkehr, Versiegelung des Bodens und viele andere Faktoren verändern das Klima. Im Durchschnitt ist die Temperatur in Großstädten um ein bis zwei Grad, manchmal sogar sechs Grad höher als im Umland. Als Folge davon beginnen viele Pflanzen in der Stadt bis zu zehn Tage früher zu blühen. Weiterhin führt der Lichtsmog dazu, dass in ihrer Entwicklung von der Tageszeit abhängige Pflanzen den Zeitgeber verlieren und früher blühen. Dies ermöglicht auch

PHÄNOLOGISCHE JAHRESZEITEN FÜR DEUTSCHLAND

äußerer Ring zeigt das vieljährige Mittel
innerer Ring zeigt das Jahr 2020

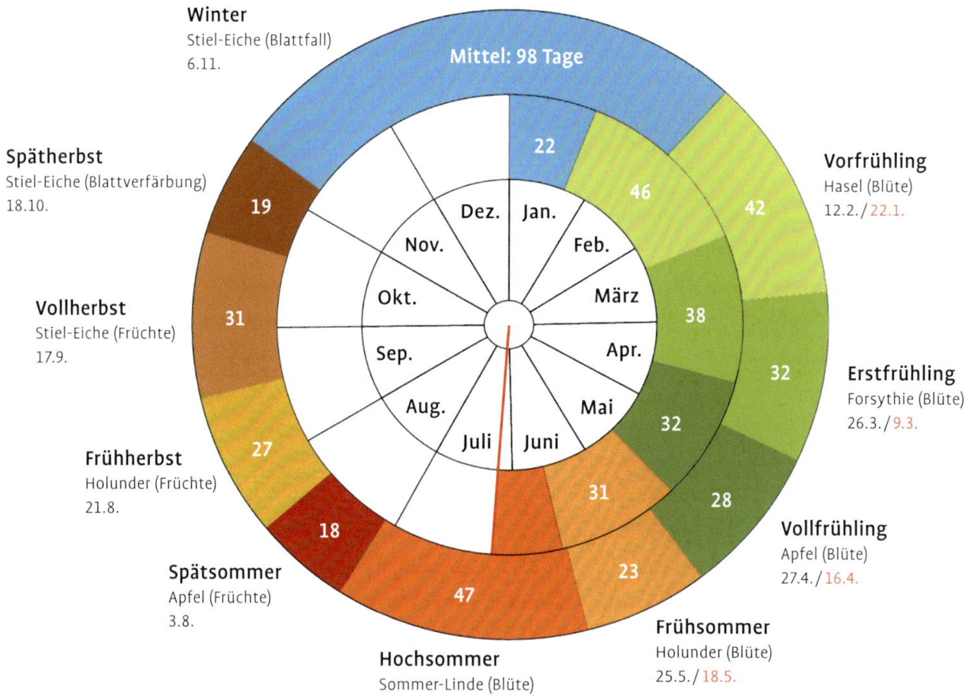

In der phänologischen Doppeluhr wird im äußeren Ring das langjährige Mittel der Jahreszeiten angezeigt und dem aktuellen Verlauf im inneren Ring gegenübergestellt. Der jeweilige Beginn und die Dauer sind in Tagen angegeben. Die Angaben wurden im Juli 2020 auf den Internetseiten des Deutschen Wetterdienstes (DWD) abgerufen. Dieser verwendet andere Farben als die in diesem Buch angegebenen. Quelle: DWD, grafisch bearbeitet.

Pflanzen aus wärmeren Regionen, wie einige Neophyten, hier zu gedeihen. Die Artenvielfalt der Pflanzen ist in der Stadt dadurch viel größer.
Doch überall ist nicht nur ein Jahr nicht wie das andere, sondern auch jede Region, jedes Gebiet, ja jeder Garten und damit auch jeder Bienenstandort hat sein eigenes Klima. Die vom Wetterdienst erhobenen Daten dienen daher mehr der Orientierung. Jeder sollte das Kleinklima am eigenen Standort selbst beobachten.

MITTLERER BLÜHTERMIN VOM APFEL

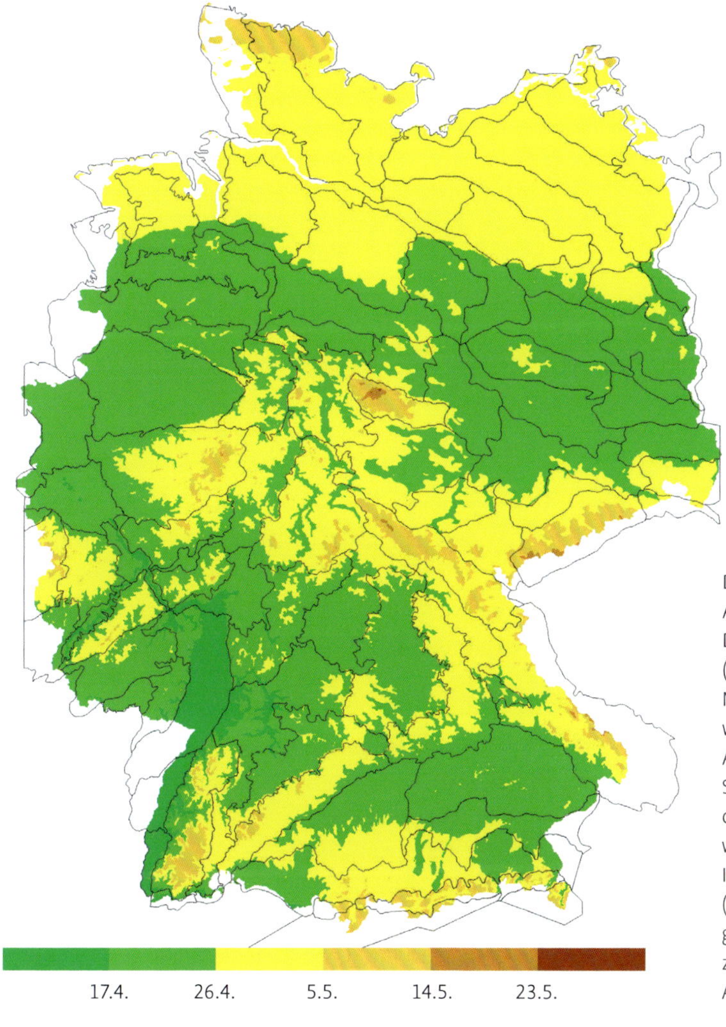

Der mittlere Blühtermin des Apfels wird auf der Karte des Deutschen Wetterdienstes (DWD) für verschiedene Naturräume angezeitgt. 2020 war er in der Rheinebene mit Anfang April am frühesten. Später blühte er im Norddeutschen Tiefland und Südwestdeutschen Stufenland. In der Mittelgebirgsschwelle (u. a. Bayerischer Wald, Erzgebirge, Hessisches Bergland) zog sich der Blühtermin bis Anfang Mai hin. Quelle: DWD

PHÄNOLOGISCHER KALENDER UND BIENENHALTUNG

Für die Entwicklung des Biens sind vor allem die Blühzeiten der verschiedenen Pflanzen in den einzelnen Phasen bzw. Jahreszeiten wichtig, da neben der Tageslänge mit dem Angebot von Nektar und Pollen wichtige Impulse für die Vorgänge im Bien gesetzt werden. Die verschiedenen Blatthonige hängen dagegen von den jeweiligen Lauspopulationen und damit von ganz anderen Faktoren ab. Nicht nur der wilde Bien, sondern auch die vom Menschen betreuten Honigbienenvölker folgen dem Rhythmus der Natur. Nur mit massiven Eingriffen kann man ihn unterbrechen und den Bien zu einem anderen Ablauf zwingen. Das macht man auch, wenn man in der Bienenhaltung den gregorianischen Kalender verwendet. Besonders in der ersten Jahreshälfte folgt man dann einem anderen Rhythmus als der Bien. In dieser für die Entwicklung des Biens so wichtigen Zeit wird man so dessen Ansprüchen nicht gerecht. So machen Anweisungen für die Imkerei nur dann Sinn, wenn man weiß, für welche Region bzw. welchen Naturraum sie geschrieben wurden oder wenn man sie vom gregorianischen Kalender unabhängig macht.

Wenn man selbst begonnen hat, seine eigenen Beobachtungen und Tätigkeiten in der Imkerei im phänologischen Kalender einzuordnen und sie mit den mehrjährigen Beobachtungen des Deutschen Wetterdienstes vergleicht, werden schnell die großen Verschiebungen in den Abfolgen der phänologischen Jahreszeiten deutlich. Am meisten fällt auf, dass die Hasel als Anzeiger des Vorfrühlings immer früher kommt. Natürlich gibt es auch Jahre, in denen alles anders ist. Deshalb helfen hier nur langjährige Beobachtungen weiter. Nach Messungen des Deutschen Wetterdienst (DWD) blüht die Hasel bei uns heute etwa 13 Tage früher als 1951.

Die Klimaveränderung und die damit verbundenen Verschiebungen der Jahreszeiten zeigen sich besonders an den Pflanzen, deren Blühbeginn fast ganz von der Temperatur abhängt, wie die Hasel. Dagegen wird bei anderen Pflanzen, wie den Schneeglöckchen, der Blühbeginn schon mehr von der Tageslänge beeinflusst und schwankt deshalb nicht so stark. Noch mehr von der Tageslänge abhängig sind Erscheinungen wie der Blattaustrieb. Trotzdem können auch hier die Veränderungen aufgezeigt werden, wie die seit 1808 durchgeführten Beobachtungen des Blattaustriebs einer Rosskasta-

nie in Genf zeigen. Nach dem Schweizer Wetterdienst „Meteo" hat sich dies von Anfang April auf Mitte März verschoben.
Der frühere Beginn des Frühlings hat dazu geführt, dass die Winter immer kürzer werden. Die Dauer der vegetationsfreien Periode hat in den letzten 26 Jahren im Vergleich zum Zeitraum 1961 bis 1990 um 17 Tage abgenommen. Ähnliche Veränderungen gibt es auch bei den anderen Jahreszeiten, die sich immer weiter nach vorne verschoben haben. Nur der Vollherbst und der Spätherbst sind stabiler, da sie mehr von der Tageslänge bestimmt werden.

PHÄNOLOGISCHE JAHRESZEITEN FÜR DEUTSCHLAND

äußerer Ring zeigt das Mittel 1961–1990
innerer Ring zeigt das Mittel 1991–2019

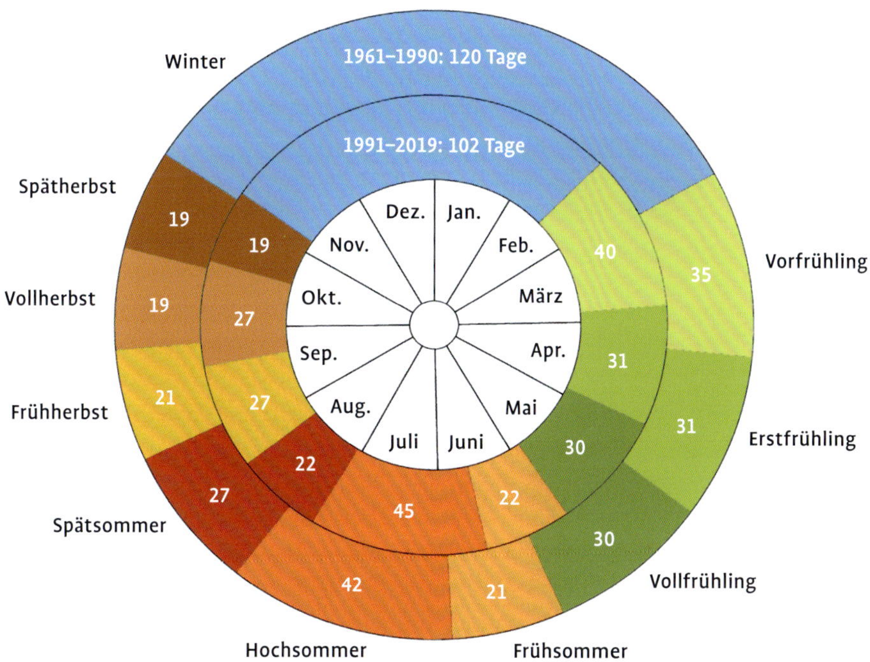

Im äußeren Ring der phänologischen Doppeluhr ist der langjährige mittlere Verlauf der phänologischen Phasen dargestellt. Im inneren Ring werden im Vergleich dazu die letzten etwa 30 Jahre dargestellt, um die Verschiebungen zwischen den phänologischen Phasen in Deutschland aufzuzeigen. Quelle: DWD, grafisch bearbeitet.

KLIMAVERÄNDERUNG UND BIENEN

Auch wenn wir die Auswirkungen des Klimawandels auf die Natur noch nicht in ihrer Gesamtheit verstehen, gibt es schon heute aus Modellberechnungen wesentliche Erkenntnisse. So werden sich mit den Klimazonen auch die Vegetationszonen verschieben. Eine Temperaturerhöhung von 1 °C kann eine Verschiebung von bis zu 300 Kilometern in Richtung der Pole und um die 200 Meter in der Höhe zur Folge haben. Besonders angepasste hochsensible Arten werden ihre Lebensräume verlieren, neue Artengemeinschaften entstehen und wärmeliebende Arten wandern ein. Bei uns wird das Flachland weniger betroffen sein als die Mittelgebirge. Noch extremer wird es in den Alpen, wo die auf Hochlagen spezialisierten Pflanzen sich nicht so schnell an die rasanten Veränderungen anpassen können und zusätzlich durch die Pflanzenarten aus tieferen Lagen verdrängt werden.

Wildbienen im Klimawandel

Die sich mit dem Klimawandel nach Norden verschiebenden Klimazonen wirken sich unweigerlich auch auf Bienen negativ aus. Denn die wärmeren und trockeneren Bedingungen treiben auch die Bienen nach Norden und können zum Aussterben mancher Arten führen. Die effektivsten Bestäuber der Wildbienen, die Hummeln (*Bombus* spp.), sind davon besonders bedroht, da sie viel schlechter mit hohen Temperaturen und vor allem Wetterextremen zurechtkommen. Wie verschiedene Untersuchungen zeigen, hat sich weltweit die südlichste Ausbreitung bestimmter Hummelarten inzwischen weiter nach Norden verschoben. Dort finden sie allerdings weniger Rückzugshabitate und Nahrungsangebote als in ihrem ursprünglichen Verbreitungsgebiet. An manchen besonders warmen und trockenen Standorten sind einige Arten inzwischen sogar ausgestorben. Auch die Wahrscheinlichkeit, dass sich Hummeln in einem Gebiet in Europa ansiedeln, ging um 17 % zurück. Doch nicht nur die Hummeln, sondern auch andere Wildbienenarten sind betroffen.

Ebenso gefährdet sind bei den Wildbienen die absoluten Spezialisten, die sich nur von bestimmten Pflanzen ernähren können. Wenn sich die Wettermuster und Temperaturen über die Norm hinaus verschieben, können Pflanzen und Bienen nicht mehr synchron sein.

Dies kann dazu führen, dass Bienen den Frühlingsverlauf falsch einschätzen und bereits schlüpfen, bevor die Pflanzen zur Bestäubung bereit sind, auf die sie spezialisiert sind. Oder sie verhungern, weil diese bereits verblüht sind. Ein vor kurzem untersuchtes Beispiel ist das Zusammenspiel zwischen der Küchenschelle (*Pulsatilla vulgaris*) und einem ihrer wichtigsten Bestäuber, der Gehörnten Mauerbiene (*Osmia cornuta*). Während sich der Blühbeginn sehr schnell auf die höheren Temperaturen eingestellt hat, reagiert die Gehörnte Mauerbiene nicht so schnell und hinkt mit ihrer Schlupfzeit hinterher.

Die Küchenschelle blüht bei höheren Temperaturen deutlich früher.

Die Gehörnte Mauerbiene trägt den Pollen der Küchenschelle in ihr Nest, um die Brut damit zu versorgen.

Doch wo Verlierer sind, gibt es auch Gewinner. Dazu gehören viele Generalisten wie die ursprünglich im mediterranen Raum verbreitete Holzbiene (*Xylocopa iris*). Als wir 1980 nach Freiburg im Breisgau kamen, fand man sie allein im nahen Kaiserstuhl, wo viele Insekten und Pflanzen aus dem Mittelmeerraum bis dahin ihre nördlichste Ausbreitung hatten. Allein aufgrund der telefonischen Nachfragen, was das für große schwarze Bienen seien, konnten wir ihre Ausbreitung bis heute verfolgen. Inzwischen findet man sie in vielen wesentlich höheren Tälern des Schwarzwaldes und weiter im Norden, mittlerweile sogar an der Ostseeküste.

Doch nicht nur der durch den Menschen verursachte Klimawandel, sondern auch die Verschleppung von heimischen Wildbienenarten beeinflusst die Verbreitung. So wird die Dunkle Erdhummel (*Bombus terrestris*) kommerziell im Gartenbau zur Bestäubung eingesetzt und wurde durch den Menschen weltweit verbreitet. In Australien und Tasmanien hat sie die dort heimischen Hummelarten und andere Bestäuber bereits verdrängt.

Honigbienen im Klimawandel

Die Honigbiene, *Apis mellifera*, scheint dagegen viel anpassungsfähiger zu sein als die Wildbienen. Das zeigt sich unter anderem daran, dass sich im Laufe der Evolution in Europa und Afrika an die jeweilige Klimasituation angepasste Unterarten der Honigbienen entwickelt haben. Das reicht von der Dunklen Biene (*Apis mellifera mellifera*) im Norden bis zur *Apis mellifera sahariensis* in den Oasen der Sahara. Zusätzlich sind die einzelnen Unterarten und ihre geographischen Varianten an die klimatischen Verhältnisse ihres Standorts angepasst. In der Neuzeit hat der Mensch ihre natürlichen Verbreitungsgebiete weiter ausgedehnt. Die Siedler brachten im 16. Jahrhundert die europäischen Honigbienen auf den amerikanischen Kontinent. Auch in Asien wurde sie seit den 1950er-Jahren fast überall eingeführt. Nur dort, wo der Mensch bestimmte Unterarten in eine Region mit vollkommen anderem

Verlauf von Klima und Vegetation verlegte, konnten sie nicht überleben. Deshalb musste zum Beispiel der Versuch scheitern, die Carnica in Nordafrika einzuführen.

In ihrem natürlichen Verbreitungsgebiet hat die Honigbiene gegenüber den Wildbienen den Vorteil, dass sie sich von einer Vielzahl von blühenden Pflanzen ernährt. Die Vielfalt (Biodiversität) ist dabei eine wichtige Voraussetzung für ihre Gesundheit. Denn mit den verschiedenen Pollen werden auch unterschiedliche Pilze und Bakterien eingetragen, die als Antagonisten gegen Krankheiten wirken. Gegen hohe Temperaturen sind sie ebenfalls besser gewappnet als Wildbienen, da sie im sozialen Verband des Bienenvolks die Brut durch Wassereintragen und Ventilieren auf die notwendige Temperatur von 34 °C senken oder durch gemeinsames Muskelzittern erhöhen können. Allerdings gibt es auch hier Grenzen für die Temperatur im Nest, schon unterhalb der Schmelztemperatur von Wachs (65 °C) werden sie unter den zusammenbrechenden Wachswaben begraben.

Entscheidend ist aber, dass die Honigbienen im Gegensatz zu den Wildbienen als Nutztiere unter der Obhut der Imker*innen stehen, die manch ungünstige Situation ausgleichen können. Dadurch können sich die Honigbienen schneller an neue Gegebenheiten anpassen. Während die wildlebenden Honigbienen einen besseren

Die Dunkle Erdhummel (*Bombus terrestris*) ist die in Europa am häufigsten vorkommende Hummelart. Für sie und andere Bienen ist der Lippenblütler Rote Taubnessel (*Lamium purpureum*) eine wichtige frühe Nahrungsquelle.

Nistplatz nach dem Prinzip „Trial and Error" finden, werden die von erfahrenen Imker*innen gehaltenen Völker gleich auf einen geeigneten Platz aufgestellt. Zumindest sollte man das von verantwortungsvollen Tierhaltern erwarten. Fehlendes Wasser können durch Wassertränken und Nahrungslücken durch Füttern oder Anwandern von Trachtquellen ausgeglichen werden.

Anders sieht es bei Krankheiten und Parasiten aus. Viele wurden durch die Globalisierung in andere Regionen oder sogar auf neue Kontinente verschleppt. Nur die, die stark von der Temperatur abhängig sind und einen Teil ihres Lebenszyklus außerhalb des Bienenvolks vollziehen, konnten sich oft nicht in Klimazonen mit niedrigen Temperaturen etablieren.

Doch dies hat sich im Zuge des Klimawandels verändert. Zur Jahrtausendwende hat der bei Wärme sich besser vermehrende, aus Asien stammende Darmparasit *Nosema ceranae* rasend schnell

Auch wir betreiben eine Imkerei, wollen die Bienen erhalten und Honig ernten. Gerade deshalb muss man sehr verantwortungsvoll mit den anvertrauten Tieren umgehen, sie ausreichend versorgen und vor Krankheiten schützen.

weltweit verbreitet. Im gleichen Zuge wurde die zuvor etablierte, tiefere Temperaturen bevorzugende *Nosema apis* fast vollständig verdrängt. Zurzeit ist die neue Art zwar nur im Mittelmeerraum ein ernstes Problem, doch das wird sich auch bei uns mit milderen Wintern ändern.

Das gilt auch für den aus Afrika eingeschleppten Kleinen Beutenkäfer, *Athina tumida*, der zurzeit nur im Mittelmeerraum als gravierender Bienenschädling auftritt. Da dort seltener Temperaturen unter 10 °C auftreten, können sich im Laufe des Jahres viel mehr Generationen entwickeln, als bei uns zurzeit möglich wären. Aber auch andere aus Asien eingeschleppte Insekten wie die Hornisse *Vespa velutina* verbreiten sich zunehmend und können in wärmeren Regionen zu einem Problem für Honigbienen werden. Nicht zuletzt kann sich die aus Südostasien stammende Milbe *Varroa destructor* im wärmeren Klima besser vermehren, weshalb die Imker*innen sie dort wesentlich häufiger und intensiver als bei uns bekämpfen müssen.

Doch auch bei uns werden die Winter immer wärmer und kürzer, sodass mehr Brut und mehr Milben aufgezogen werden. Dies könnte auch für unsere Bienen in Zukunft zum Problem werden. Ein kleiner Trost für die Spättrachtgebiete: Die Waldtracht setzt immer zeitiger ein und endet früher. Zwar treten auch die Schäden durch die Varroa-Virus-Infektion früher ein, aber die Behandlung kann jetzt eher vor der kühlen Witterung abgeschlossen werden.

Im Zuge des Klimawandels werden Honigbienen somit mehr unter der verstärkten Entwicklung von Krankheiten als unter einem früheren Blühbeginn von Pflanzen zu leiden haben. Andererseits verändert sich mit Beginn und Dauer der Blüte auch der Ablauf der Entwicklung des Biens. Für die Imkerei bedeutet dies, dass man dem Bien mit den im Kalender gegebenen Zeitabläufen nicht mehr gerecht wird. In einer naturgemäßen Imkerei wird man wie die Bienen dem Takt der Natur und damit dem phänologischen Kalender folgen, um auf die Veränderungen des Klimas zu reagieren.

Doch Anpassung heißt nicht aufgeben. Denn am Ende sind nicht nur die Bienen, sondern die gesamte Natur und auch wir Menschen durch die Veränderungen im Klima bedroht. Nach einhelliger Erkenntnis der Wissenschaft ist der Mensch die wesentliche Ursache für die seit den 1950er Jahren beobachtete globale Erwärmung. Deshalb müssen wir den Ausstoß von Kohlendioxid und anderen umweltschädlichen Substanzen reduzieren, um den Klimawandel überzeugend in den Griff zu bekommen.

VORFRÜHLING

Kurz und bündig

- Diese Jahreszeit beginnt mit der Blüte der Hasel → links.
- Erste intensivere Reinigungsflüge sind möglich und halten in Tagesabschnitten mit über 12 °C an.
- Bienen fliegen für ersten Pollen und Nektar, was die Brutaufzucht und den Futterverbrauch ansteigen lässt.
- Auf genügend Futtervorräte achten!
- Erster Blick ins Volk ab Austrieb der Stachelbeere oder der Blüte der Salweide möglich.
- Bei Schneeschmelze Winterstandplatz auf Eignung überprüfen.

VORFRÜHLING: PFLANZEN LIEFERN VIEL POLLEN UND NEKTAR

Die Haselblüte am Anfang des Vorfrühlings gibt einen ersten kräftigen Brutschub, der aber oft schon bald wieder zu Ende ist. Ein Intermezzo, das die Imker*innen vielerorts mit Sorge sehen, da es sehr früh viel Energie und Futter zum Heizen verbraucht. Doch auch später wird die Haselblüte häufig von Kälteperioden begleitet, sodass alles ohne Bienenflug verpufft. Sie ist ein wichtiger Anzeiger für das Fortschreiten der Klimaveränderung ➔ Klimaveränderungen und Bienen, S. 16. Aber auch der ursprünglich hier nicht beheimatete Winterraps kann bei höheren Temperaturen bereits austreiben und bei anschließenden Frösten geschädigt werden. Das wirkt sich nicht unmittelbar, sondern erst später auf die Honigernte aus. Nach den langjährigen Aufzeichnungen des Deutschen Wetterdienstes liegt der Vorfrühling in Deutschland im Durchschnitt zwischen Mitte Februar und Ende März.

Viele Arten der Schneeglöckchen blühen oft mitten in der Schneeschmelze, bringen dem Bien insgesamt aber wenig. Den ersten Nektar holen sie beim Krokus. Mit der Blüte der Schwarzerle sind wir dann schon mitten drin im Vorfrühling. An Bachläufen können erste Blüten der Pestwurz Pollen und Nektar spenden. Der wichtigste Brutschub wird aber nach der Krokusblüte mit dem Nahrungsangebot der Salweide erreicht. Weiden sind für Bienen und andere Insekten, vor allem Schmetterlinge, wichtige Pollen- und Nektarspender. Besonders wertvoll ist die Salweide (*Salix caprea*), da sie früh blüht und geringe Ansprüche an den Standort stellt. Die Salweide ist für die schnelle Durchlenzung und damit für die Gesundheit des Biens von elementarer Bedeutung. Besonders die Imker*innen bemühen sich daher um die Vermehrung dieses Pollenspenders. Schon jetzt sollte man sich die Standorte der männlichen Pflanzen merken, um von ihnen zu vermehren.

TRACHTPFLANZEN

WILDPFLANZEN

Die folgenden Pflanzen werden mit Werten für Nektar (N) und Pollen (P) angegeben:
1 = gering
2 = mittel
3 = gut
4 = sehr gut.

Erle (*Alnus* spp.): Baum in Feuchtgebieten oder an Gewässerrändern (N0/P3).

Haselnuss (*Corylus avellana*): Aufrechter Strauch an Feldern und Waldrändern (N0/P2).

Krokus (*Crocus vernus*): Zwiebelpflanze auf Bergwiesen verwildert und auf Wiesen in Gärten (N3/P2).

Pestwurz (*Petasites hybridus*): Eine krautige 10 bis 40 cm hohe Pflanze an Gewässerrändern (N3/P3).

Salweide (*Salix caprea*):
Strauch oder Baum an Waldrändern
(N4/P4).

Schneeglöckchen (*Galanthus nivalis*):
Zwiebelgewächs in Laubwäldern und
auf Wiesen im Garten (N2/P2).

NUTZPFLANZEN

Keine.

VORGÄNGE IM BIENENVOLK

Im Winter nach der Sonnenwende hat der Bien mit dem Brüten begonnen. Mit der ersten Pollenversorgung im Vorfrühling nimmt die Aufzucht von Brut weiter zu.

BRUT WIRD VERMEHRT AUFGEZOGEN

Damit dehnt sich die Wintertraube immer weiter aus und wandert mit der Zehrung des Futters immer den vollen Waben entlang weiter nach oben. Besonders bei schwankenden Temperaturen oder

Kälteeinbrüchen ist der Futterverbrauch enorm. Viel Aktivität und damit hoher Futterverbrauch kurbeln den Stoffwechsel an. Wer viel frisst, muss mehr abkoten! Regelmäßige Reinigungsflüge sind nun überlebenswichtig. Denn wenn im Nest Kot abgesetzt wird, besteht erhöhte Infektionsgefahr. Gleichzeitig ist jetzt eine frühe und gute Nektar- und Pollenversorgung essenziell. Denn nur wenn der Überwinterungsstandort die entsprechenden Voraussetzungen erfüllt, wird der Bien überleben.

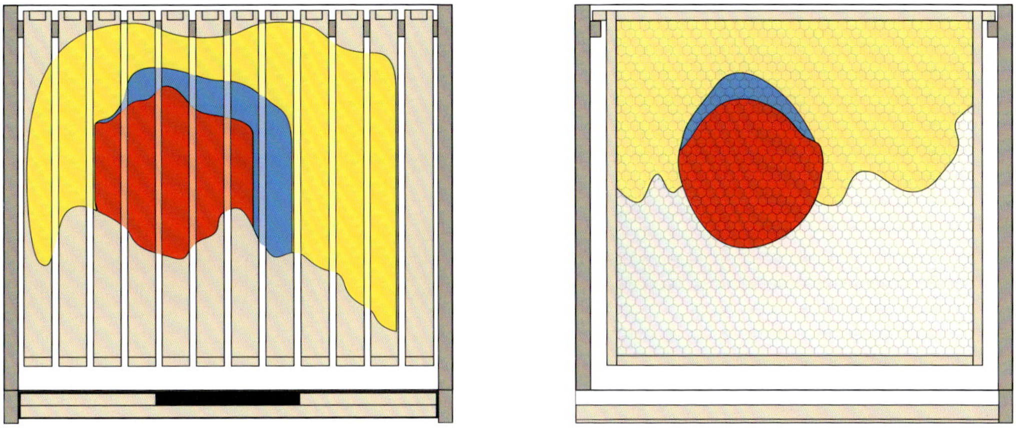

Bienenvolk im Dadant-Brutraum. Rot = Brut, gelb = Honig, blau = Pollen (rechts Längsschnitt).

Das sollte man wissen

- Ein Bienenvolk sollte nicht mehr als 50 Varroamilben enthalten.
- Mehr Milben befinden sich zur Fortpflanzung in den Brutzellen als auf den Bienen.
- Frühe und häufige Reinigungsflüge sind für die Gesundheit und das Überleben des Biens von großer Bedeutung.
- Durch die Reinigungsflüge werden auch parasitierte und infizierte Bienen eliminiert.
- Bei der im Nest steigenden Temperatur vermehren sich beide Nosema-Arten, *Nosema apis* und *Nosema ceranae*, in den Honigbienen.
- Tracheenmilben (*Acarapis woodi*) können leicht in der noch bestehenden Wintertraube zwischen den Bienen wechseln.
- Eventuell vorhandene Kleine Beutenkäfer (*Athina tumida*) halten sich noch im Zentrum der Wintertraube auf (bei uns noch nicht gefunden).

DAS IST ZU TUN

Kurz nach dem Winter sollte man nur im Notfall eingreifen, da der Bien durch diese Störungen eher geschädigt wird.

VÖLKER BEARBEITEN

- Völker im Vorfrühling nicht oder möglichst wenig vor der Blüte der Salweide stören.
- Ein kurzer Blick in auffällige Völker ist möglich.

REINIGUNGSFLÜGE BEOBACHTEN

- Ab 10 bis 12 °C fliegen die Bienen aus, um außerhalb des Nests Kot abzusetzen.
- Die Intensität des Fluges sagt etwas über ihre Volkstärke aus.
- Kotspritzer auf dem Flugbrett oder der Vorderseite können auf Krankheiten hindeuten ➜ Acarapisose, S. 42, ➜ Nosemose, S. 64, ➜ Amerikanische Faulbrut, S. 86, ➜ Europäische Faulbrut, S. 106, ➜ Virosen, S. 148, ➜ Varroa-Virus-Infektion, S. 129, ➜ Pilzinfektionen, S. 166, ➜ Vergiftungen, S. 184.
- Dort, wo sich nichts tut, schaut man besser vorsichtig nach, ob das Volk noch lebt.
- Einzelne Drohnen sind kein Problem, bei vielen ist das Volk vermutlich weisellos und verloren.

FUTTERVORRÄTE PRÜFEN

Der Bien darf nicht hungern, da sonst die Jungbienen anfällig werden.

- Restfuttermenge anhand des Gewichts der Beute abschätzen.
- Notwendiger Vorrat: 6 bis 8 kg
- Bei Futtermangel füttern.
- Futterwaben aus den Vorräten an den Bienensitz hängen.
- Futterwaben nicht aufreißen, da das zu mehr Brut anreizen würde.
- Nur mit eigenem Honig füttern.
- Im Notfall Invertsirup oder Futterteig verwenden.

GEMÜLL KONTROLLIEREN

- Gemüllstreifen auf dem Diagnoseschied zeigen den Sitz der Wintertraube und die Volksstärke an.
- Zuckerkristalle am Boden deuten auf kristallisiertes Futter und Wassermangel hin.
- Starker Totenfall (meist auf dem Bodengitter) ist fast immer ein Zeichen für eine Krankheit oder Hunger.

- Ist die Bodeneinlange verkotet, leiden Bienen unter starkem Durchfall. Dieser Bien wird meist nur schwer überleben.
- Wachsdeckel zeigen erhöhte Futterzehrung an.
- Brutdeckel deuten auf erste schlüpfende Brut hin.
- Helle und dunkle Varroamilben findet man, wenn bereits befallene Brut schlüpft.

VÖLKER VEREINIGEN ODER AUFLÖSEN

- Nur in Ausnahmefällen sollte man jetzt schon Völker vereinigen, und dann nur kranke Völker mit kranken und nie gesunde mit kranken ➜ Völker vereinigen, S. 51.
- Drohnenbrütige Völker auflösen.
- Sehr schwache und kranke Völker abkehren oder besser mit Schwefel abtöten.

WASSERVERSORGUNG SICHERSTELLEN

- Eine Wasserstelle lässt sich kurzfristig mit einem umgestülpten Eimer auf einer Kiesschale einrichten ➜ Wassersammeln ermöglichen, S. 36.

ARBEITEN AM BIENENVOLK

Neben den Wasserholern sind im Winter und erst recht im Vorfrühling auch Bienen unterwegs, die abkoten wollen. Schon um die 10 °C sind erste einzelne Bienen unterwegs. Wenn die Sonne scheint, kommen schnell mehr. Aber erst ab 12 °C geht es richtig los und ganze Scharen von Bienen verlassen das Nest, um in der direkten Umgebung abzukoten. Da der Kot auch Krankheitserreger enthalten kann, koten gesunde Bienen wie auch andere Tiere nie in ihrem eigenen Nest ab.

Bei Temperaturen unter 12 °C ist am Flugloch noch wenig los. Erst darüber beginnen viele Bienen mit Reinigungsflügen.

REINIGUNGSFLÜGE BEOBACHTEN

Wenn sie aufgrund der Kälte nicht ausfliegen können, sammeln sich die Exkremente in der Rektalblase an. Diese kann bei einer Winterbiene bis zu vier Fünfteln ihres Hinterleibs einnehmen. Damit möglichst viel gespeichert werden kann, entziehen die Rektaldrüsen dem Kot Wasser und setzen Enzyme zu, die ein Gären verhindert. Beim Ausfliegen wird dieser Kot während des Fluges nach einigen Metern abgesetzt. Der Kot ist dann auf dem Untergrund als braungelbe Flecken zu erkennen.

Das kann zu Ärger mit dem Nachbarn führen. Während man sie von Wäsche und Tüchern leicht entfernen kann, bleiben sie wegen der „ätzend" wirkenden Enzyme als Flecken auf Autolack zurück. Juristisch ist dies in der Regel kein Problem, solange die Bienenhaltung als ortsüblich gilt und die Beeinträchtigung unwesentlich ist. Schwieriger kann es bei größeren Schäden oder einer starken Massierung von Bienenvölkern am Standort werden. Doch dies kann man vorbeugen, denn der Flug der Bienen lässt sich beeinflussen. Da die Bienen auf den ersten Metern abkoten, sollte man ihren Flug entsprechend in eine andere Richtung lenken. Am einfachsten richtet man die Fluglöcher von einer möglichen Schadenstelle weg. Hecken oder Zäunen in einigen Metern Entfernung von den Fluglöchern zwingen die Bienen in die Höhe zu fliegen und beschleunigt das Abkoten.

Damit die Bienen auch aus der Wintertraube heraus schnell an das Futter gelangen, hängt man die Futterwabe und erst recht die Futtertasche direkt an das Brutnest.

FUTTERVORRÄTE ABSCHÄTZEN

Zu den wichtigen Maßnahmen im Vorfrühling gehört es, die Futtervorräte abzuschätzen. Besonders nach warmen Wintern oder wechselnden Temperaturen kann es wegen der vermehrten Brutaufzucht schnell zum Engpass kommen. Man kann hierzu die Beute wiegen oder leicht anheben, um die Vorräte zu schätzen. Dies erfordert natürlich einige Erfahrung. Anfängern raten wir, sich vorher von nur mit Waben bzw. Rähmchen bestückten Beuten gleicher Größe das Gewicht einzuprägen. Wenn möglich, kann so eine Beute auch immer als Vergleich am Stand stehen.

Eigentlich sollte der Bien auch bei Anfängern und einem neuen Standort nicht in Futternot geraten. Winterfutter sollte immer so bemessen werden, dass auch ein wechselwarmer Winter mit hohem Futterverbrauch nicht zum Notfall führt. Kälteeinbrüche oder schlechtes Wetter muss man einkalkulieren. 6 bis 8 kg Vorräte sollten gegen Ende des Vorfrühlings noch vorhanden sein. In Völkern, in welchen es knapp wird, hängt man am besten aus übermäßig versorgten Völkern Futterwaben um. Hierbei ist zu beachten, dass keine Krankheitserreger, insbesondere Faulbrutsporen, verschleppt werden. Deshalb ist der Zukauf von Waben sowieso absolut tabu! Im Notfall kommt man aber um das Füttern nicht herum. Eigener (!) Honig ist da die beste Wahl, aber auch auf Invertzucker oder Futterteig kann man im Notfall ausweichen. Am besten verabreicht man es über eine Futtertasche nahe am Bienensitz.

VOLKSSTÄRKE PRÜFEN

Mit den ersten warmen Tagen und dem ersten zaghaften Sprießen der Pflanzen drängt es die Imker*innen immer mehr, auch in die Völker zu schauen. Doch zumindest die Nächte sind noch kalt und manches voreiliges Eingreifen kann dem Bien schaden, ja im ungünstigen Fall sogar zu seinem Tod führen. Am schnellsten und schonendsten kann man die Volksstärke anhand der Gemüllstreifen auf der Bodeneinlage erfahren. Je nach Standort, Wetter und Betriebsweise sollte der Bien mindestens vier Wabengassen bei Zander- und drei bei Dadant-Maß besetzen. Wenn der Bien nicht überlebensfähig ist, kommt man um erste tiefere Eingriffe, wie zu vereinigen oder aufzulösen, nicht herum.

Ohne das Volk zu öffnen, kann man anhand der Gemüllstreifen leicht erkennen, wo die Bienentraube sitzt und wie stark der Bien ist.

Wann zum ersten Mal die Beute geöffnet werden kann, ist selbst unter Profis umstritten. Die erste Durchschau steht erst im Erstfrühling zur Zeit der Blüte der Stachelbeere an. Vermutet man bereits im Vorfrühling Probleme, so kann man ab der Zeit der Blüte der Salweide und ausreichend hohen Temperaturen (über 12 °C) einen vorsichtigen Blick in die Bienenbeute wagen und sehen, ob die Bienen noch leben und wie viele Wabengassen besetzt sind. An der Varroa-Virus-Infektion eingegangene Völker erkennt man schnell an den leeren Wabengassen. Beuten mit eingegangenen Völkern schließt man sofort und räumt sie am besten gleich ab! Sonst räubern andere Völker das Futter aus, was ihren Aufbau bei den vorhandenen Virus-Infektionen unnötig erschwert. Randwaben mit Schimmel können besonders bei schwachen Völkern jetzt schon entfernt werden. Sie erfordern sonst später von den Bienen viel Aufwand für Reinigung und Desinfektion. Doch die Eingriffe dürfen nur behutsam und nicht zu ruppig erfolgen. Auch darf die Beute nur kurz geöffnet werden, noch kann der hierdurch hervorgerufene Schaden größer sein als der angestrebte Nutzen. Das Brutnest bleibt immer unangetastet! Jede Störung des Kleinklimas erfordert eine massive Anstrengungen vom Bien, alles wieder ins Lot zu bringen. Also erst genau überlegen, was man vorhat, und dann gezielt darangehen.

Schimmelige Randwaben werden besser entfernt, damit die Bienen weniger Arbeit beim Reinigen des Nestes haben.

In an der Varroa-Virus-Infektion eingegangenen Bienenvölkern findet man meist keine toten Bienen, aber Bienenbrut und viel gedeckeltes Futter.

GESUNDHEITSÜBERWACHUNG

BIENENFLUG BEOBACHTEN

Bei Temperaturen über 10 bis 12 °C kommt es zu Reinigungsflügen.

- Die Intensität der Reinigungsflüge gibt einen Hinweis auf die Volksstärke.
- Vergleichsweise wenige oder keine Bienen sind ein schlechtes Zeichen.
- Missgebildete Bienen treten jetzt vor allem bei verkühlter Brut auf.

TOTENFALL VOR NESTEINGANG ÜBERWACHEN

Weiselrichtige Völker mit Brut tragen die Toten hinaus vor das Flugloch.

- Werden bis etwa 100 Tote herausgetragen, ist vermutlich alles in Ordnung.
- Bei deutlich mehr als 100 Toten: Gemüll kontrollieren oder in die Wabengassen schauen. Ist der Bien stark, bis zum Erstfrühling (Kirschblüte) warten. Ist der Bien nicht überlebensfähig, vereinigen oder auflösen.
- Werden die toten Bienen nicht hinausgetragen oder sind auffällig kleine Drohnen vorhanden, kann das Volk weisellos oder tot sein. Dies sollt man mit Horchprobe oder einem Blick ins Volk prüfen → Klopfprobe durchführen, S. 207.

NATÜRLICHEN VARROA-ABFALL ERMITTELN

→ Befall mit Varroamilben erkennen, S. 117

Der Diagnoseschieber sollte 2–3 Tage unterm Volk bleiben, um den natürlichen Abfall von Varroamilben zu bestimmen. So werden Tagesschwankungen im Abfall ausgeglichen, und es fällt nicht zu viel Gemüll herunter, der das Zählen der Milben erschwert.

Zahl der pro Tag abgefallenen Milben:

- Weniger als 1 Milbe/Tag: alles okay.
- 1 bis 10 Milben/Tag: auffällig.
- Mehr als 10 Milben/Tag: kritisch.

KOT AM NESTEINGANG NACHGEHEN

- Nicht alle Bienen schaffen es, erst im Flug den Kot abzusetzen. Daher sollte man den Nesteingang beobachten.
- Sind die Kotspritzer rund oder tropfenförmig sowie hell- bis dunkelbraun, ist alles in Ordnung.

Kotspritzer am Nesteingang sind immer verdächtig und können auf eine Krankheit hinweisen.

- Sind sie unregelmäßig verspritzt, handelt es sich um Durchfall aufgrund ungeeigneten Futters.
- Bei dunklen Spritzern sind späte Wald- oder Heidetrachten die Ursache.
- Helle Spritzer weisen auf nicht vertragene Tees und „Stärkungsmittel" im Winterfutter hin.
- Kot in längeren Ketten als Punkte abgesetzt deutet auf Nosemose hin.
- Bei großen schwefelgelben Tropfen ist Amöbenruhr die Ursache.

SCHNEESCHMELZE AM STANDORT BEOBACHTEN

Ob ein Standort für die Überwinterung geeignet ist, kann man am besten während der Schneeschmelze beobachten → Arbeiten am Bienenstand im Vorfrühling, S. 35.

- Schmilzt der Schnee im Bereich der Bienenvölker zuerst, ist der Standplatz geeignet.
- In Kaltluftseen bleibt der Schnee länger liegen und die Bienen können nicht abkoten.

MASSNAHMEN DER GESUNDERHALTUNG

VARROABEHANDLUNG ABWÄGEN

Der natürliche Milbenabfall im Gemüll entscheidet darüber, welche Maßnahmen man einleiten muss.

- Bei einem Abfall von weniger als 1 Milbe am Tag ist alles im grünen Bereich.
- Bei 1 bis 10 Milben pro Tag sollte man das Volk weiter beobachten und weitere Maßnahmen im späteren Frühjahr planen.
- Bei mehr als 10 Milben pro Tag sollten Notmaßnahmen eingeleitet werden. Man kann sämtliche Brut entnehmen oder mit Milch- oder Oxalsäure behandeln.

VARROA IM VORFRÜHLING BEHANDELN

Ist der Varroa-Befall extrem, kommt man um Notmaßnahmen nicht herum. Für das Ausschneiden von Drohnenbrut aus dem Baurahmen ist es noch zu früh. Wenn man sich entschließt, mit Medikamenten zu behandeln, kann man im selben Jahr keinen Honig mehr aus diesen Völkern ernten. Zur Behandlung mit Milchsäure müssen die Waben einzeln besprüht werden, was zumindest am Anfang dieser Jahreszeit einen massiven Eingriff darstellt. Wenn bereits im Winter mit Oxalsäure behandelt wurde, kann die erneute Behandlung zu Schäden durch das Medikament führen. Die totale Brutentnahme macht nur dann Sinn, wenn sich schon viele Milben in der Brut fortpflanzen, was zumindest am Ende des Vorfrühlings der Fall sein sollte. In allen Fällen muss man trotz der Behandlung mit schweren Schäden, wenn nicht sogar dem Tod auch behandelter Bienenvölker rechnen.

> Sollte ein Bienenvolk bereits stark befallen sein, hat man im Vorfrühling nur wenige Möglichkeiten, etwas dagegen zu tun. Meist reicht es aus, diese Völker im Blick zu behalten und abzuwarten, bis im Erstfrühling die erste Durchschau ohne Probleme möglich ist.

ARBEITEN AM BIENENSTAND

Mit steigender Brutaktivität im Vorfrühling nehmen die Bienen vermehrt Futter auf. Unweigerlich sammeln sich damit auch mehr Exkremente in ihrer Kotblase. Die dort von Drüsen abgegebenen Enzyme unterdrücken den Gärungsprozess und damit allzu großen Drang zum Absetzen des Kots.

ÜBERWINTERUNGSSTANDORT PRÜFEN

Wie bei allen Tieren muss ein Entleeren im Nest unbedingt vermieden werden, da sonst beim Reinigen Parasiten und Krankheitskeime in den Futterkreislauf gelangen. Günstig ist es daher, wenn die Bienen möglichst früh im Jahr und häufig ausfliegen und abkoten können. Die Bienen fliegen aber nur aus, wenn sie frühzeitig mitbekommen, dass die Außentemperaturen über 10 bis 12 °C liegen. In einem übermäßig isolierten Nest gelingt dies nicht. Eine Spur von toten Bienen im Schnee macht dies deutlich. Früher trat dieses Problem häufig bei Kunststoffbeuten auf, erst der offene Gitterboden brachte hier einen besseren Kontakt zur Umgebung und weniger Verluste. Bei Holzbeuten tritt dieses Problem nur auf, wenn man sie im Winter zusätzlich isoliert. Allerdings könnten auch hier die ausfliegenden Bienen durch den Schnee irritiert sein und zu Boden stürzen.

Dort, wo der Schnee zuerst schmilzt, ist es am wärmsten und ideal, um die Bienenvölker aufzustellen.

Der Überwinterungsstand sollte den Bienen so viele Reinigungsflüge wie möglich erlauben. Dazu muss der Stand möglichst nach Süden hin offen sein und wenig Beschattung bieten ➜ Den richtigen Standort suchen und einrichten, S. 214. Ob die klimatischen Bedingungen am Bienenstand stimmen, lässt sich besonders in der Zeit der Schneeschmelze gut und leicht überprüfen. Dort, wo der Schnee zuerst schmilzt, ist der Platz besonders gut geeignet. Bleibt er dagegen am Standplatz länger liegen als in der Umgebung, sollte man sich nach einem neuen Ort umsehen.

WASSERSAMMELN ERMÖGLICHEN

Mit zunehmender Brutaktivität wird auch mehr Futter für die Larven gebraucht, das die Arbeiterinnen in ihren Futtersaftdrüsen produzieren. Doch zähes und erst recht auskristallisiertes Futter muss zunächst verflüssigt werden. Dazu brauchen die Arbeiterinnen viel Wasser. Am Anfang behelfen sie sich noch mit feuchten Stellen im Nestbereich, aber bald reicht dies nicht mehr aus. Zum Wasserholen fliegen die Bienen auch unter 10 °C. Dafür müssen sie ihre Brustmuskulatur auf mindestens 25 °C aufheizen und diese Temperatur auch während des Fluges halten. Allerdings sind sie dazu nur kurzzeitig in der Lage, weshalb die Wasserquellen möglichst in der Nähe sein sollten. Das müssen keine Bäche oder Flüsse sein, feuchte Flächen mögen die Bienen sowieso viel lieber als fließendes Wasser. Im Notfall kann man auch eine künstliche Wasserstelle anlegen.

Doch Vorsicht, da kann einiges schief gehen, denn die Bienen dürfen weder ertrinken noch sich mit Krankheitserregern infizieren. Nicht ohne Grund bevorzugen Bienen feuchte Oberflächen gegenüber tiefem Wasser. Also entweder Wasser über ein Brett oder Ähnliches laufen lassen oder Schwimmer auf die Wasseroberfläche legen. Um diese Zeit koten die Bienen viel ab, damit befreien sie sich auch von Krankheitserregern wie Nosema-Sporen.

Die Wasserstelle sollte daher wenig von Bienen überflogen werden und, wenn nötig, überdacht sein. In vielen Imkereien hat sich eine einfache Wasserstelle aus einem umgestülpten Futtereimer auf einem mit grobem Kies gefüllten Blumenuntersetzer gut bewährt. Die Stelle der Wasserentnahme ist begrenzt und wird nur wenig überflogen. Die Kiesel werden immer wieder mit frischem Wasser aus dem Eimer befeuchtet. Bei jedem Wechsel des Eimers sollte man auch die Kiesel kurz reinigen.

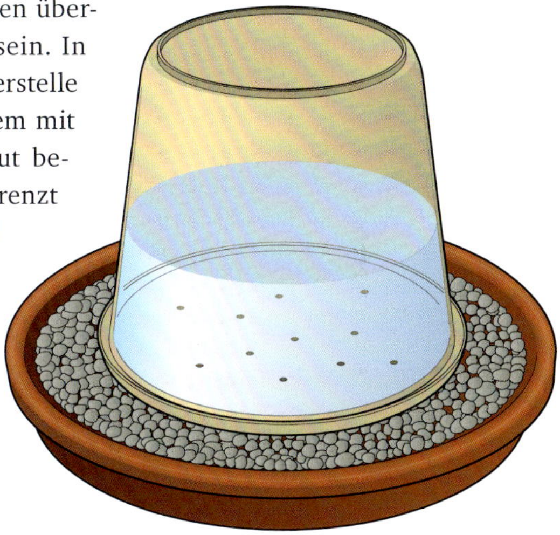

Eine Wasserstelle kann schnell und einfach mit einem Futtereimer und Kiesbett im Untersetzer hergestellt werden.

ARBEITEN IM BIENENGARTEN

Ein Hauch von Frühling geht auch über das Gelände, in dem die Bienenvölker stehen. Um die Gartensaison etwas früher einzuläuten, kann man jetzt ein Frühbeet anlegen. Es sollte wie der Bienenstand in Nord-Süd-Richtung ausgerichtet sein, um auch hier möglichst viele Sonnenstrahlen einzufangen. Ohne Schutz eines Glasdaches oder einer Folie läuft aber noch nicht viel. Mit der Aussaat und dem Setzen von Pflanzen wird man noch bis zum Ende des Vorfrühlings warten. Wenn der Boden nicht mehr hart von Frösten ist, kann man Gehölze wie Beerensträucher, z. B. Johannisbeere und Stachelbeere, pflanzen. Sie sind selbst noch im Ruhestadium des Winters und daher wenig gefährdet. Überhaupt ist dies die beste Zeit für den Obstbaumschnitt und die Pflanzung von Obstgehölzen. Auch die frühblühenden *Clematis*-Arten wie *Clematis viticella* und *C. jackmannii* können jetzt geschnitten werden. Andere folgen erst im Vorfrühling.

Im Vorfrühling sollte man die Johannisbeersträucher noch vor dem Austrieb pflanzen.

FÜR ALLE ANFÄNGER ALS EINSTIEG

Die Wildbienen sind nahe Verwandte der Honigbienen. Von wenigen Arten wie Hummeln abgesehen, leben die meisten der über 500 Arten solitär, sind also nicht auf das Leben in der Gemeinschaft angewiesen.

DER BIEN BESTEHT AUS HONIGBIENEN

Honigbienen gehören dagegen zu den sozialen Insekten, die in einer Gemeinschaft, dem Bienenvolk, leben. Darin haben sich die einzelnen Honigbienen soweit spezialisiert, dass sich im Laufe der Evolution neben den Männchen bzw. Drohnen und dem einzigen geschlechtsreifen Weibchen, der Königin, infertile Arbeiterinnen entwickelt haben. Die Größe eines Volkes wird allein durch die Zahl der Arbeiterinnen bestimmt. So sind es im Winter nur um die 10 000 und erst zur Sonnenwende wird mit 30 000 und mehr das Maximum erreicht. Die Arbeiterinnen übernehmen im Laufe ihres Lebens alle wesentlichen Tätigkeiten im Volk: Als Stockbienen sind sie für das Putzen der Zellen, Pflege der Nachkommen, der Wachsproduktion und Honigverarbeitung zuständig. Am Ende ihres Lebens werden sie zu Flugbienen und holen Nektar, Pollen und Wasser. Während eine Arbeiterin im Frühjahr und Sommer nur maximal sechs Wochen alt wird, lebt eine Königin mehrere Jahre. Die wenigen Hundert Drohnen im Volk werden dagegen nur in der Paarungszeit aufgezogen und geduldet. Die Paarung mit Königinnen findet weitab vom eigenen Nest statt, um Inzucht zu vermeiden und eine genetische Vielfalt zu gewährleisten ➜ Königin zusetzen, S. 97.

Die Königin hat einen deutlich größeren Hinterleib als die Arbeiterinnen, während bei Drohnen die großen Augen auffallen.

DER BIEN IST DAS TIER

Die Honigbienen gehören neben Ameisen zu den einzigen heimischen Insekten, die als ganzes Volk überwintern. Mit sinkenden Temperaturen bilden sie im Spätherbst und Winter eine kompakte Wintertraube. An deren Oberfläche darf die Temperatur nie unter 10 °C sinken, da die Honigbienen sonst erstarren. In Zentrum liegt die Temperatur dagegen zwischen 20 und 34 °C. Nur bei einer Temperatur von 34 °C kann Brut aufgezogen werden. Deshalb muss auch in den anderen Jahreszeiten diese Temperatur im Brutbereich aufrechterhalten werden. Hohe Temperaturen im Sommer müssen durch Fächeln und Verdunsten von Wasser gesenkt werden. Doch auch gegen Krankheiten wehrt man sich gemeinschaftlich. Neben der körpereigenen Abwehr jeder Biene werden kranke Brut und kranke Bienen ausgesondert. Die Hygiene im Nest wird durch die auf Knospen gesammelte Propolis gewährleistet, mit der die Bienen das Innere des Nests überziehen. Dieses auf die Gemeinschaft ausgerichtete Zusammenspiel der Einzelwesen wird in der Biologie als Superorganismus bezeichnet. In der Imkerei verwendet man gerne dafür den Begriff „Bien".

DER BIEN IN DER IMKEREI

Während der Bien ausschließlich das Ziel hat, sich zu vermehren und ausreichend Vorräte für den Winter anzulegen, halten die Imker*innen die Bienen neben der Bestäubung vor allem für die Erzeugung des Lebensmittels Honig. Andere wiederum halten Bienen einfach nur, um ihr Treiben zu beobachten. Unabhängig davon benötigt man eine für den Bien und sich selbst geeignete Beute, die den Bienen als Nest dient ➜ Der Beutentyp, S. 196. Schließlich muss man noch einen Standort finden, der den Bienen möglichst das ganze Jahr über ausreichend Nahrung bietet, sie nicht unnötig Umweltproblemen aussetzt und auch in der Nachbarschaft Zuspruch findet ➜ Den richtigen Standort suchen und einrichten, S. 214. Honigbienen können sich mit einem Stich wehren, deshalb gehört eine Schutzkleidung zur Grundausstattung in der Imkerei. Der Raucher dient dazu, die Angriffslust der Honigbienen einzudämmen. Man gaukelt ihnen damit einen Waldbrand vor, was sie veranlasst, sich vor allem mit der Aufnahme von Proviant für die baldige Flucht zu beschäftigen. Ein Stockmeißel und Bienenbesen helfen bei der Bearbeitung der Völker. Eine Honigschleuder benötigt man nur bei sehr vielen anfallenden Honigwaben. Bei einem bis zwei Völkern kann man den Honig auch austropfen lassen ➜ Alles um Honig und andere Bienenprodukte, S. 124.

Selbst eine kleine Zwei-Waben-Schleuder lohnt sich erst ab zwei Völkern. Sonst kann man den Honig auch austropfen lassen.

DER WEG DER HONIGBIENE ZUM NUTZTIER

Im Laufe des Zusammenlebens mit Honigbienen hat der Mensch, wie auch bei anderen Nutztieren, immer versucht, den Ertrag zu steigern. Die Bienen benötigen für die Produktion von Wachs sehr viel Honig. Zunächst hat man den Honig nicht mehr aus den Waben ausgepresst, sondern ausgeschleudert. So können die Waben eine Zeit lang immer wieder verwendet werden. Damit das Wachs aus ausgesonderten alten Waben nicht verloren geht, hat man dieses in Wachsplatten gegossen und den Bienen als „Mittelwände“ für den Ausbau neuer Waben angeboten. Um das Wachstum und damit die Leistung der Bienenvölker zu erhöhen, hat man in den Mittelwänden Arbeiterinnenzellen vorgeprägt und damit die Aufzucht von Drohnen wesentlich reduziert. Wildlebende Honigbienen legen etwa zu 30 % Zellen für die Aufzucht von Drohnen an.

Damit die Stärke des Volks erhalten bleibt, wird die Vermehrung der Bienenvölker kontrolliert vollzogen und das natürliche Schwärmen unterbunden. Schließlich hat man die Honigbienen auch züchterisch verändert. Zuchtlinien mit wenig Schwarmtrieb und hoher Leistung wurde der Vorzug gegeben. Da die heimische Biene, *Apis mellifera mellifera*, hier an ihre Grenzen geriet und zudem sehr wehrhaft war, führte man in Deutschland die Kärntner Biene, *Apis mellifera carnica* ein. Die Honigbiene wurde damit immer mehr zu einem Tier, das vom Menschen wirtschaftlich genutzt wird, und steht heute in ihrer Bedeutung als Nutztier an dritter Stelle hinter Rind und Schwein.

DER BIEN IN NATUR UND LANDWIRTSCHAFT

Diesen Platz hat sie jedoch nicht durch ihre Honigerträge erreicht, sondern allein aufgrund ihrer Bestäubungsleistung, vor allem in der Landwirtschaft. Die Bestäubung durch Honigbienen erreicht wegen ihrer Blütenstetigkeit höhere Erträge und bessere Qualität bei vielen Kulturpflanzen. Mit zunehmenden Monokulturen und verstärktem Einsatz von Pestiziden ist in vielen Regionen eine Bestäubung ohne Honigbienen nicht mehr gesichert. Ein extremes Beispiel hierfür sind die Mandelplantagen in Nordamerika. Dies hat dazu geführt, dass in vielen Regionen Nordamerikas Bienenvölker nicht mehr der Honigproduktion, sondern ausschließlich der Bestäubung dienen. Auch bei uns nimmt diese Tendenz zu, mit dem Unterschied, dass der aus der Bestäubung gewonnene Honig im Vergleich zu dem in den USA wesentlich geringer belastet ist und deshalb als Lebensmittel verwendet werden kann. Doch die Honigbiene bestäubt nicht nur Kulturpflanzen, sondern ist auch ein Teil der vielen anderen

Honigbienen erhöhen als wichtige Bestäuber in der Landwirtschaft deren Erträge.

Bestäuber in der Natur. Trotzdem wird sie oft vom Naturschutz als Konkurrenz für die stark gefährdeten Wildbienen gesehen. Man darf aber nicht übersehen, dass bei den unter Aufsicht des Menschen stehenden Honigbienen schon früh naturwidrige Einflüsse erkannt werden. Auch wenn manche es mit dem Tod bezahlen, ist dies meist nur ein Teil des Volkes und daher verschmerzbar. Bei Wildbienen bedeutet der Tod einer Biene dagegen immer den Verlust eines Tieres. Honigbienen helfen somit beim Schutz von Wildbienen und decken gleichzeitig Umweltprobleme auf. Sie haben damit eine wichtige neue Rolle als Bioindikator übernommen.

DER BIEN UND DIE GESETZE

Bleiben am Ende noch die oft leidigen, aber unumgänglichen gesetzlichen Vorgaben. Jeder, der Bienen hält, ist verpflichtet, dies bei der Veterinärbehörde anzuzeigen. In manchen Bundesländern muss man sich zusätzlich bei der Tierseuchenkasse melden. Ebenfalls von dem Bundesland abhängig, benötigt man ein Gesundheitszeugnis, wenn man Bienenvölker kauft oder sie vom Standort entfernt. Bevor man die Imkerei beginnt, sollte man sich daher zuerst bei Nachbarimker*innen oder der Stadt bzw. dem Landratsamt erkundigen. Erst wenn man mehr als 20 bis 30 Völker hält, kommt noch die Berufsgenossenschaft hinzu. Aber auch das Finanzamt möchte nun wissen, wie viel man mit seinen Bienen verdient. All diese Bestimmungen und Vorgaben sind zwar leidig, helfen aber am Ende der Gemeinschaft und auch den Bienen.

ACARAPISOSE

Wegen der Bekämpfung der Varroose findet man Tracheenmilben (*Acarapis woodi*) bei uns nur noch selten. Trotzdem kommt es in manchen Regionen (wie in Italien und Schottland) vereinzelt zu starkem Befall, sodass man sie weiter im Auge behalten sollte.

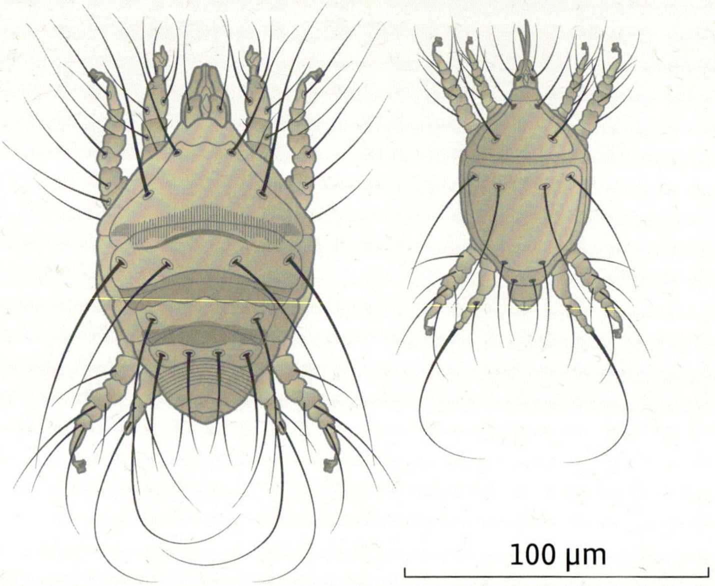

Das Milbenweibchen von *Acarapis woodi* (links) ist deutlich größer als das Männchen. Beide können sich mit den langen Haaren nur sehr langsam und über keine großen Strecken fortbewegen.

AUFFÄLLIGKEITEN VOR DEM VOLK

- Erhöhter Totenfall im Winter und Vorfrühling.
- Bienen fliegen trotz niedriger Temperaturen.
- Einzelne Bienen krabbeln und hüpfen am Boden vor dem Flugloch.
- Bienen haben vereinzelt auffällig gespreizte Flügel.

SYMPTOME IM VOLK

- Die Völker sind sehr unruhig.
- Sie brüten auch im Winter auffällig stark.
- Oft wird der Befall von Durchfall begleitet.
- Einzelne Bienen zeigen eine asymmetrische Flügelstellung.

URSACHEN

- Die Milbe *Acarapis woodi* parasitiert in den Luftröhren (Tracheen) der Bienen.
- Sie dringt bei jungen Bienen durch die Atemöffnung (Stigma) in die Luftröhre ein.
- Der erste Tracheenast wird bevorzugt parasitiert.
- Das Milbenweibchen legt dort bis zu 20 Eier ab.
- Über Nymphenstadien entwickeln sie sich in ca. zwei Wochen zu Männchen und Weibchen.
- Milben durchbohren die Tracheenwand, um Bienenblut (Hämolymphe) zu saugen.
- Wenn der erste Tracheenast verstopft, wird die Biene flugunfähig.

VERWECHSLUNG

- Andere *Acarapis*-Arten leben außerhalb der Biene und ernähren sich ebenfalls von Hämolymphe, aber ohne typisches Schadbild.
- Zu flugunfähigen Bienen kommt es auch bei der Nosemose ➔ Nosemose, S. 64.
- Krabbler treten auch bei Vergiftungen auf, zu denen es aber nie so früh im Jahr kommt.

AUSBREITUNG IM BIENENVOLK

- Die Milben vermehren sich nur in langlebigen Arbeiterinnen und Drohnen.
- Sie wechseln zwischen den Honigbienen in der Wintertraube oder bei längeren flugfreien Perioden.

ZWISCHEN BIENENVÖLKERN

- Milben werden durch Verflug von Arbeiterinnen und Drohnen übertragen.
- Auf andere Stände gelangen sie, wenn Völker verstellt werden.
- Über zugekaufte Völker können sie eingeschleppt werden.

BEKÄMPFUNG

- Eine Selbstheilung durch frühe Reinigungsflüge ermöglichen.
- Die medikamentöse Bekämpfung erfolgt wie bei der Varroose.
- Von den Varroaziden sind Ameisensäure und Thymol wirksam.
- Abgang von infizierten Altbienen mit einem erhöhten Bienenumsatz insbesondere mit früher Pollentracht (Salweide) anregen.

VORBEUGUNG

- Mit gutem Bienenumsatz, vor allem im Spätsommer, seuchenhaftes Auftreten verhindern.
- Durch die Wahl eines geeigneten Standortes für die Überwinterung kann man den frühen Abgang der parasitierten Bienen ermöglichen.
- Rückkehr parasitierter Bienen verhindern.
- Aufstiegshilfen im Winter und Frühjahr entfernen.
- Die Beuten nicht am Boden, sondern auf Böcke erhöht stellen.

Bei starkem Befall sind die Tracheen mit Milben, Häutungsresten und Schorf verstopft, wodurch die Sauerstoffzufuhr erschwert wird.

Von *Acarapis*-Milben befallene Bienen zeigen manchmal auffällig asymmetrisch gespreizte Flügel.

ERSTFRÜHLING

Kurz und bündig

- Diese Jahreszeit beginnt mit der Blüte der Forsythie ➔ links.
- Pollen und Nektar werden verstärkt eingetragen und das Brutnest wächst stark.
- Auf genügend Futtervorräte achten!
- Erstes Durchschauen der Völker möglich.
- In Großraumbeuten den Brutraum erweitern und in Kleinraumbeuten (z. B. Zandermagazin) einen zweiten Brutraum aufsetzen.
- Ab der Süßkirsche kann man den Honigraum geben.

ERSTFRÜHLING: ES GEHT LOS

Den phänologischen Erstfrühling zeigt die Blüte der Forsythie an. Bei uns ist seit dem 19. Jahrhundert vor allem die *Forsythia × intermedia* als Zierstrauch verbreitet, deren Ursprung in China liegt. Wie die meisten Hybridpflanzen liefert sie weder Pollen noch Nektar und ist daher für Bienen und andere Insekten ohne Nährwert. Ein weiterer Anzeiger für den Beginn dieser Jahreszeit ist die Blattentfaltung der Stachelbeere. Da diese mehr von der Tageslänge und weniger von der Temperatur bestimmt wird, ist sie sehr stabil. Der Erstfrühling reicht nach den Messungen des Deutschen Wetterdienstes im Durchschnitt der letzten Jahre in Deutschland von Ende März bis Ende April. In der Mitte dieser Jahreszeit blühen Spitzahorn, Schlehe, Rote Johannisbeere und Stachelbeere. Gegen Ende kommen die für Bienen wichtigen Blüher wie Löwenzahn, Birne, Pflaume und Kirsche hinzu, wobei Löwenzahn insbesondere in Gebieten mit Grünlandwirtschaft die erste schleuderbare Tracht geben kann. Dagegen ist vor allem im Norden der Winterraps die erste und oft auch die wichtigste Tracht.

Die Blattentfaltung der Stachelbeere ist zwar sehr unscheinbar, aber doch ein wichtiger Zeitgeber, wenn die Forsythie nicht auftritt.

TRACHTPFLANZEN

WILDPFLANZEN

Buschwindröschen (*Anemone nemorosa*): Eine 11 bis 20 cm hohe Pflanze in Laubwäldern und an Waldrändern (N0/P2).

Löwenzahn (*Taraxacum* sectio Ruderale): 5 bis 30 cm hohe Pflanze auf Wiesen, Weiden und Äckern (N3/P4).

Die folgenden Pflanzen werden mit Werten für Nektar (N) und Pollen (P) angegeben:
1 = gering
2 = mittel
3 = gut
4 = sehr gut.

Seit dem ➜ Vorfrühling blüht noch:

- **Krokus** (*Crocus vernus*) (N3/N2)
- **Pestwurz** (*Petasites hybridus*) (N3/P3)
- **Salweide** (*Salix caprea*) (N4/P4)

Duftveilchen (*Viola odorata*): Krautige 5 bis 5 cm hohe Pflanze an Waldrändern und im Garten. Verschiedene Arten blühen fast das ganze Jahr über (N1/P1).

Schlehe (*Prunus spinosa*): Strauch oder Baum am Waldrand (N2/P2).

Spitzahorn (*Acer platanoides*): Baum in Laubmischwäldern und an Straßen (N3/P2).

NUTZPFLANZEN

Rote Johannisbeere (*Ribes* spp.): Strauch in Mischwäldern und Garten (N2/P2).

Süßkirsche (*Prunus avium*): Baum in Gärten und Obstwiesen (N4/P4) (weitere Steinobstbäume: Aprikose / Marille, Birne, Pflaume).

Stachelbeere (*Ribes uva crispa*): 50 bis 150 cm hoher Strauch in Laubwäldern und Garten (N3/P1).

Winterraps (*Brassica napus*): Krautige Pflanze von 30 bis 150 cm Höhe (N4/P4).

VORGÄNGE IM BIENENVOLK

Im Erstfrühling nimmt mit der guten Pollenversorgung die Aufzucht von Brut weiter zu. Der eingetragene Pollen wird in der Nähe des Brutnestes gelagert und im Gegensatz zum Honig nicht mehr umgetragen.

GUTE POLLENVERSORGUNG FÖRDERT DAS WACHSTUM

Bei gutem Bienenumsatz ist er bereits innerhalb einer Woche zu Larvenfutter verarbeitet. Der Pollenkranz um die Brut wird zuerst verbraucht, sodass sich das Brutnest immer wieder ausbreiten oder verändern kann. Ganze Waben mit Pollen, man spricht auch von Pollenbrettern, können dagegen schon eher als Trennschied wirken und so die Schwarmstimmung beschleunigen. Dies gilt vor allem für Waben mit Pollen aus dem Vorjahr, der meist nicht mehr angerührt wird.

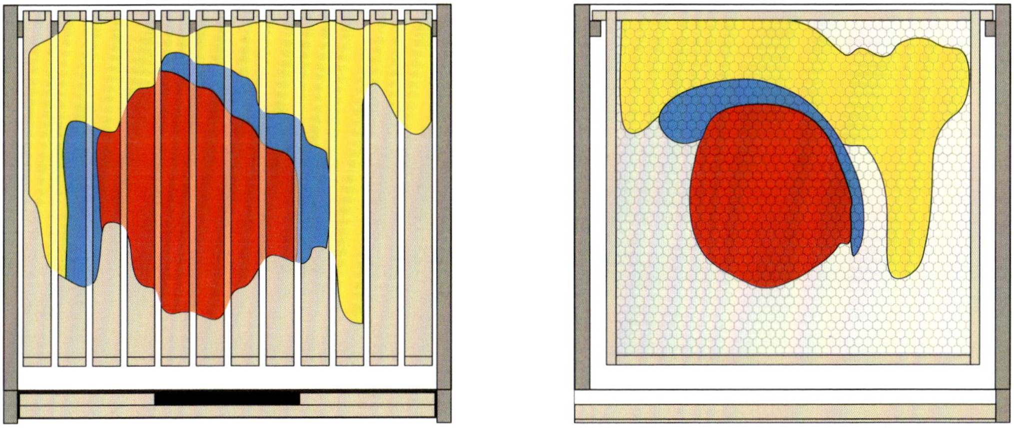

Bienenvolk im Dadant-Brutraum. Rot = Brut, gelb = Honig, blau = Pollen (rechts Längsschnitt).

Das sollte man wissen

- Die Zahl der Varroamilben nimmt langsam zu.
- Mehr Varroamilben befinden sich in den Brutzellen als auf den Bienen.
- Vor allem alte Bienen gehen beim Ausfliegen verloren.
- Symptome von Brutkrankheiten wie die Amerikanische Faulbrut werden auf Brutwaben sichtbar.
- Beide *Nosema*-Arten, *Nosema apis* und *Nosema ceranae*, vermehren sich in den erwachsenen Bienen.
- Eventuell vorhandene Kleine Beutenkäfer (*Athina tumida*) legen in geschützten Nischen ihre Eier ab (bei uns noch nicht gefunden).

DAS IST ZU TUN

Man kann bereits in Völkern nach dem Rechten schauen, wenn sie zu leicht oder verdächtig sind. Mit der intensiven Durchschau sollte man aber bis zur Blüte der Stachelbeere oder Kirsche warten.

VÖLKER BEARBEITEN

- Mäusegitter müssen jetzt entfernt werden.
- Ein erster Blick ins Bienenvolk ist möglich.
- Verschimmelte und unbesetzte Randwaben entnehmen.

FUTTERVORRÄTE PRÜFEN

Der Bien darf nicht hungern, da sonst die Jungbienen anfällig werden.

- Restfuttermenge anhand des Gewichts der Beute abschätzen.
- Notwendiger Vorrat: 3 bis 5 kg.
- Bei Futtermangel füttern.
- Futterwaben aus den Vorräten an den Bienensitz hängen.
- Futterwaben nicht aufreißen, da das zu mehr Brut anreizen würde.
- Wegen der Gefahr Krankheiten zu verbreiten, nur mit eigenem Honig füttern.
- Im Notfall Invertsirup oder Futterteig verwenden.

VEREINIGEN ODER AUFLÖSEN?

- Nur kranke Völker mit kranken und nie kranke Völker mit gesunden vereinigen.
- Drohnenbrütige Völker auflösen.
- Sehr schwache und kranke Völker abkehren oder besser mit Schwefel abtöten.

WASSERVERSORGUNG SICHERSTELLEN

- Bienen versorgen sich über die Tracht mit Wasser.
- Wenn dies nicht ausreicht, sollte man eine Tränke einrichten → Wassersammeln ermöglichen, S. 36.

ARBEITEN AM BIENENVOLK

Im Erstfrühling sind im Wesentlichen die gleichen Arbeiten durchzuführen wie im Vorfrühling.

FUTTERVORRÄTE KONTROLLIEREN

Allerdings muss jetzt noch mehr auf ausreichend Futter geachtet werden, besonders wenn es noch kalt ist oder wieder wird. Als Faustregel gilt: 3 bis 5 kg Futter sollten noch in den Waben sein. Dies kann man leicht durch Anheben der Beute oder exaktes Wiegen bestimmen.

MÄUSEGITTER ENTFERNEN

Auf jeden Fall muss man die Mäusegitter entfernen. Sie behindern die Bienen beim An- und Abflug. Die Gitter sind jetzt sogar schädlich, da sie als „Pollenfalle" wirken, wenn sich die Bienen hindurchzwängen und dabei ihre Pollenhöschen verlieren.

Mäusegitter müssen entfernt werden, sobald Pollen eingetragen wird, da sonst die Bienenvölker geschädigt werden.

VÖLKER DURCHSCHAUEN

Für die erste Durchschau der Völker haben sich in der Imkerei verschiedene phänologische Gesetzmäßigkeiten manifestiert. Manche Imkereien bearbeiten die Völker bereits im Vorfrühling nach der Blüte der Salweide. Hier muss man selbst abschätzen, was mehr schadet, die Nachschau oder die ausbleibenden Hilfsmaßnahmen. Die Blüte der Stachelbeere oder der Kirsche ist aber für alle der Startpunkt für die erste Durchschau des Biens und eventuell für erste Eingriffe im Nest. Wer eine Imkerei mit Mittelwänden betreibt, kann Baurahmen zum Ausschneiden von Drohnenbrut für die Varroabekämpfung einhängen. In einer Imkerei mit Naturwaben wird man mit dem ersten Entfernen von Drohnenbrut noch etwas warten müssen. In der Beute kann man unbesetzte oder verschimmelte Randwaben entnehmen.

VÖLKER VEREINIGEN

Ist ein Bien schwach, gilt es, die Ursachen zu ergründen. War er bereits schwach eingewintert und erscheint sonst gesund, kann man ihn mit einem gesunden Volk vereinigen. Ein kranker Bien gehört dagegen immer nur mit einem kranken vereinigt. Würde man krank mit gesund zusammentun, hätte das gesunde Volk deutlich schlechtere Startchancen. Es würde zunächst „einknicken“ und sich erst danach langsam wieder erholen. Am Ende hat die ganze Aktion niemandem genützt, außer dass man das Auflösen umgangen und deshalb vielleicht ein besseres Gewissen hat.

Verschiedene Bienenvölker vereinigt man am besten mithilfe von Zeitungspapier. Dazu werden die Oberträger der unteren Beute so einlagig mit Zeitung abgedeckt, dass keine Biene hindurch kann.

Während die Bienen die Zeitung durchnagen, gleicht sich der Stockgeruch der zu vereinigenden Bienenvölker langsam an. Wenn die Königin nicht gefunden wurde, kann man sie mit dem Absperrgitter zumindest vorübergehend schützen.

Mit einer Entdeckelungsgabel oder einer Nadel werden kleine Löcher über den Wabengassen in das angefeuchtete Papier gestochen. Darauf wird die Zarge mit dem zu vereinigenden Volk gesetzt. Die Bienen vergrößern die Löcher und zernagen die Zeitung, bis sie hindurchschlüpfen können. Die hierfür notwendige Zeit reicht aus, damit beide Bienenvölker denselben Geruch angenommen haben und sich nicht als fremd bekämpfen. Das funktioniert allerdings nicht mit drohnenbrütigen Völkern.

BRUTRAUM ERWEITERN

Wann und wie das Nest erweitert werden kann, hängt sehr von dem verwendeten Beutentyp ab. Bei einräumiger Überwinterung im kleinen Wabenmaß wie Zander- oder Deutsch-Normal-Maß braucht der Bien jetzt in der Regel den zweiten Brutraum. Das gelingt am besten, wenn der Honigkranz über der Brut schmal ist. Bleibt die Frage, wie stark der Bien sein muss, damit er erweitert werden kann. Wer das Schwärmen sicher ausschließen will, darf nicht warten, bis alle Wabengassen besetzt sind und der Bien unten durchhängt. Viele halten sich an die übliche Vorgabe, dass der Bien nicht mehr als 70 % des Raums besetzen und zwei bis drei Brutwaben haben sollte. Allerdings nimmt man mit der frühen Raumgabe dem noch nicht so starken Bien auch einen Teil seiner Selbstheilungskraft, denn die Hygiene im Stock hängt wesentlich von der Möglichkeit der Honigbienen ab, kranke Brut zu erkennen und zu entfernen. Dies nimmt umso stärker ab, je mehr Honigbienen mit Arbeiten außerhalb des Brutnestes beschäftigt sind. Sie müssen bei einer Erweiterung die vielen neuen, zuvor außerhalb des Nestes gelagerten Waben zunächst reinigen und mit Propolis desinfizieren. Deshalb kommt es in dieser Zeit besonders häufig zum Ausbruch von Brutkrankheiten wie der Amerikanischen und Europäischen Faulbrut.

Arbeitet man im großen Brutraum wie der Dadant-Beute mit Schied, wird man eventuell das Brutnest einengen müssen. Hat man dies schon vorher getan oder auf weniger Waben eingewintert, kommt jetzt ein Baurahmen hinter das Schied. Nun entscheidet der Bien selbst, wie weit er das Brutnest erweitern möchte. Sobald die Bienen anfangen, den Baurahmen hinter dem Schied zu besiedeln, kann es nach innen ans Brutnest gehängt und durch einen neuen ersetzt werden.

Sobald Bienen auf dem Baurahmen aktiv sind, wird er hinter das Schied ans Brutnest gehängt und ein neuer leerer Baurahmen davor.

RÄUBEREI VERHINDERN

Wenn Bienen in fremde Nester eindringen, um dort Honig zu stehlen, spricht man von Räuberei. Hierzu kann es in trachtlosen Zeiten kommen, wenn man an den Völkern arbeitet. In dieser Zeit sind besonders viele Suchbienen unterwegs, um Nahrung zu suchen. Jetzt kann alles, was nach Honig oder Wachs riecht, eine Räuberei auslösen. Daher dürfen weder Waben noch benutzte Geräte herumliegen. Die Völker sollte man nicht zu lange offen stehen lassen, sondern zügig bearbeiten. Aber auch Nester mit toten oder schwachen Völkern werden ausgeräubert. Man findet dann klebrige Flecken am Flugloch. Im Gegensatz dazu haben sie eher eine wässrige oder schmierige Konsistenz, wenn Nosemose oder Ruhr die Ursache sind. Viele Wachskrümel auf dem Flugbrett oder Beutenboden stammen von schnell aufgerissenen Futterdeckeln und können ebenfalls von räubernden Bienen stammen. Wenn beim Öffnen der Beute viele Bienen sofort abfliegen, können dies Räuber sein, die den schnellen Weg nach draußen suchen. Manchmal erkennt man die Räuberei auch erst, wenn man den Kasten zur Kontrolle der Vorräte anhebt und als zu leicht befindet.

Als erste Maßnahme kann man das Flugloch einengen. Damit sich eine Räuberei nicht aufschaukeln kann, arbeitet man an den Völkern möglichst am späten Nachmittag. Manchmal sind es einzelne Völker, die verstärkt zur Räuberei neigen. Um den Räuber zu finden, bestreut man die Bienen am Flugloch des angegriffenen Volks mit

Klebrige Honigflecken am Flugloch sind ein sicheres Zeichen für räubernde Bienen.

Am Eingang des ausgeräuberten Volks mit Mehl bestäubte Bienen zeigen bei ihrer Rückkehr das räubernde Volk an.

Mehl und beobachtet, wohin sie zurückfliegen. Den „Räuber“ stellt man besten außerhalb des Flugradius in einer Entfernung von zwei bis drei Kilometern auf. Damit eventuell zurückkehrende räubernde Bienen nicht in die Nachbarvölker eindringen, sollte man für einige Tage am alten Platz eine leere Beute stellen. Oft reicht dies, damit wieder Ruhe einkehrt.

GESUNDHEITSÜBERWACHUNG

BIENENFLUG BEOBACHTEN

- Regelmäßig Bienenflug, Sammeln von Pollen und Nektar beobachten.

TOTENFALL VOR NESTEINGANG ÜBERWACHEN

An Flugtagen findet man tote Bienen vor dem Flugloch.

- Bei bis zu 100 toten Bienen vor dem Flugloch ist alles in Ordnung.
- Nach Schlechtwetterperioden können es auch mehr sein.
- Viele Tote weisen auf Krankheiten hin → Acarapisose, S. 42.
- Missgebildete Bienen stammen jetzt vor allem aus verkühlter Brut.

KRABBLERN UND HÜPFENDEN BIENEN NACHFORSCHEN

Viele am Boden krabbelnde oder hüpfende Bienen können folgende Ursachen haben (siehe jeweils dort):

- Nosemose (*Nosema ceranae*)
- Maikrankheit
- Vergiftung

VERDACHT AUF VERGIFTUNG ÜBERPRÜFEN

Bei akuten Vergiftungen kommt es zu auffälligen Erscheinungen:

- Viele bis massenhaft tote Bienen.
- Kämpfe am Flugloch.
- Schwarze (nasse) Bienen.
- Bienen mit ausgestrecktem Rüssel.
- Hoher Verlust an Flugbienen (Kahlfliegen).

AMERIKANISCHE FAULBRUT ERKENNEN

Nur das von den brutpflegenden Bienen verwendete Futter kann Sporen des Erregers der Amerikanischen Faulbrut enthalten.

- Futter vom Futterkranz um gedeckelte Brut für Diagnose des Erregers von Amerikanischer Faulbrut entnehmen und an Untersuchungsstelle senden.
- Brutwaben können auf Symptome der Amerikanischen Faulbrut untersucht werden ➜ Amerikanische Faulbrut, S. 86.

KOT AM NESTEINGANG NACHGEHEN

Nicht alle Bienen schaffen es, erst im Flug den Kot abzusetzen. Daher sollte man den Nesteingang und die Stirnseite der Beute beobachten.

- Zähe Kot-Würstchen haben meistens die nicht infektiöse Maikrankheit als Ursache. Dabei muss bei starkem Bruteinschlag viel Pollen verarbeitet werden oder wegen fehlenden frischen Pollens wird alter eingelagerter verwendet. Bei Wassermangel kommt es dann zur Verstopfung. Mit Zuckerwasser im Verhältnis 1:1 oder 1:2 gehen die Symptome zurück. Um das Ganze zu beschleunigen, kann man auch die Waben mit Zuckerwasser besprühen.
- Punktförmiger Kot in längeren Ketten deutet auf Nosemose hin.
- Bei großen schwefelgelben Tropfen ist Amöbenruhr die Ursache.

MASSNAHMEN DER GESUNDERHALTUNG

VARROABEHANDLUNG EINLEITEN

In dieser Jahreszeit kann man mit den ersten Maßnahmen im Ganzjahreskonzept beginnen.

- Baurahmen zum Ausschneiden der Drohnenbrut ans Brutnest hängen.
- Bei Naturwabenbau mit der Zerstörung von Drohnenbrut noch warten.
- Nur bei natürlichem Milbenfall größer als 10 Milben pro Tag kann man bereits jetzt sämtliche Brut entnehmen ➜ Varroa-Virus-Infektion, S. 129 und die Bienen mit 15%iger Milchsäure behandeln.

In einem ganzjährigen Varroa-Konzept sollte das Ausschneiden von Drohnenbrut fester Bestandteil sein. Da die Milben diese bevorzugt zur Fortpflanzung aufsuchen, kann damit bereits im Frühjahr der Milbenbefall deutlich gesenkt werden.

BAURAHMEN EINHÄNGEN

Diese Entnahme und Vernichtung von Drohnenbrut ist ethisch vertretbar, da der ursprüngliche Wirt der Varroamilbe, die asiatische Honigbiene (*Apis cerana*), Ähnliches macht ➜ Ethik in der Bienenhaltung, S. 162. Wer bei der Einwinterung bereits Baurahmen außen eingehängt hat, kann jetzt kontrollieren, ob sie bereits Brut enthalten. Aber keine Sorge, es reicht jetzt noch vollkommen aus, die ersten Baurahmen einzuhängen. Ein früher Beginn im Jahr bringt zwar mehr, ist aber weniger entscheidend, vor allem wenn der Bien hierdurch unnötig gestört würde. Imker*innen sind immer wieder irritiert über die unterschiedlichen Angaben, wo der Baurahmen am besten positioniert werden sollte. Ohne Frage ist die Fangrate im Brutnest am höchsten. Gleichzeitig zerstört man damit aber auch dessen Ordnung und löst Stress aus. In der naturgemäßen Imkerei gehört der Baurahmen daher immer an den Rand des Brutnestes.

Den Baurahmen vor das Schied zur Brut hängen.

ARBEITEN AM BIENENSTAND

Bereits im Winter oder erst jetzt im Frühjahr findet man auch immer wieder abgestorbene Bienenvölker. Bei Honigbienen gilt ein Verlust von bis zu 10 % der Völker im Winter als normal. In jedem Fall muss man die Nesteingänge sofort schließen, um Räuberei und die mögliche Übertragung von Krankheiten zu verhindern. Sobald wie möglich sollte man solche Beuten abräumen und versorgen.

BEUTEN VON TOTEN VÖLKER VERSORGEN

Um die Beuten und eventuell auch Waben wieder verwenden zu können, müssen sie vorher desinfiziert werden. Die Beuten von an der Varroa-Virus-Infektion oder der Nosemose eingegangenen Völkern kann man kurz ausflammen.

Alte Waben und solche mit Brut werden besser immer entweder im Sonnenwachs- oder Dampfwachsschmelzer eingeschmolzen. Dabei werden mit Ausnahme des Erregers der Amerikanischen Faulbrut alle Krankheitserreger abgetötet. Bei Ausbruch einer anzeigepflichtigen Seuche wie der Amerikanischen Faulbrut bestimmt die Veterinärbehörde die Art der Entseuchung. Während der Überwinterung kahl geflogene Völker sind in der Regel an der Varroa-Virus-Infektion eingegangen. Sämtliche Waben und auch die Futterwaben sind mit Viren belastet. Man kann sie vor der Wiederverwendung oberflächlich desinfizieren, indem man 60%ige Essigsäure im geschlossenen Wabenstapel verdunstet → Leere Beuten abräumen, S. 190.

Besonders bei an der Varroa-Virus-Infektion eingegangenen Völkern fallen immer viele gedeckelte Futterwaben an. Sie dürfen aber erst nach der Desinfektion weiterverwendet werden.

Ein Teil der Waben von eingegangenen Völkern enthält tote Brut. Diese darf nicht in neue Völker gelangen, da sich die Bienen infizieren könnten und wird daher eingeschmolzen.

Offene Futterwaben kann man zumindest für kürzere Zeit kühl (unter 15 °C), trocken (unter 60 % rel. LF) und luftig aufbewahren. Wenn dies nicht möglich ist, kann man sie in festen Plastiksäcken lagern. Will man die Wachsmotteneier sicher abtöten, muss man sie für zwei bis drei Tage einfrieren. Wir heben nur nicht zu alte gedeckelte Futterwaben in einem belüfteten Zargenstapel auf → S. 176.

ARBEITEN IM BIENENGARTEN

Die hartnäckigen Fröste dürften nun vorbei sein. Der Boden ist je nach Wetterlage schon abgetrocknet, sodass man mit den ersten Bodenarbeiten beginnen kann. Denken Sie daran, dass auch der Boden lebt und viele Organismen in Stockwerken angesiedelt sind. Sie sollten daher nur lockern und nicht wirklich umgraben. Manche Gehölze wie der Rhododendren und Flieder brauchen jetzt einen Verjüngungsschnitt oder müssen ganz zurückgeschnitten werden. Nebenbei: Der Honig des vor allem in Gärten verbreiteten *Rhododendron ponticum* kann in großen Mengen für den Menschen giftig sein. Auch so ist er in frostfreien Regionen ein Problem für die heimische Flora. Die für Bienen interessante Schneeheide, Besenheide und Lavendel sollten soweit zurückgeschnitten werden, dass sie unten nicht verkahlen und sich weiter als blühende Matte ausdehnen. Einjährige Sommerblumen können nun ausgesät werden. Natürlich wählt man für Bienen wertvolle Mischungen aus.

Am Nistplatz zeigen sich mit den Gehörnten Mauerbienen (*Osmia cornuta*) die ersten Wildbienen. Besonders früh erscheinen sie in besiedelten Gebieten und ernähren sich dort von den Frühblühern. An der Bauchbürste tragen sie Pollen ein und in den Mandibeln Lehm, um die Löcher zu verschließen. Wenn sie in größerer Zahl auftreten, sind sie im Obstbau wichtige Bestäuber.

Zuerst schlüpfen die am weißen „Gesicht" zu erkennenden Männchen der Gehörnten Mauerbiene. Sie warten draußen auf die Weibchen, um sie zu begatten.

NATURGEMÄSSE IMKEREI

Viele Imker*innen halten Bienen als Nutztiere, ernten von ihnen Honig, Wachs und Propolis. Wenn man sich entschließt, dabei den Abläufen der Natur zu folgen, hat man das Ziel, dass sich das Tier wohlfühlt. Dies wird man aber nur mit Haltungsbedingungen schaffen, die dem natürlichen Verhalten und Ansprüchen des Tieres gerecht werden. Solche Zustände werden je nach Hintergrund in der Landwirtschaft als „Tierwohl", im allgemeinen Tierschutz als „tiergerecht" bzw. „artgerecht", von den Anthroposophen als „wesensgemäß" und aus einem naturwissenschaftlichen Verständnis heraus auch als „naturnah" oder „naturgemäß" bezeichnet. Man könnte die einzelnen Begriffe gegeneinander abwägen, aber im Grunde geht es immer um die elementaren Bedürfnisse und das emotionale Wohlergehen des einzelnen Tieres. Welche Bedingungen dafür im Einzelnen erfüllt werden müssen, hängt von den jeweiligen wissenschaftlichen Erkenntnissen ab.

DAS WOHL DER BIENEN ERKENNEN

Während es bei Säugetieren noch relativ leichtfällt, herauszufinden, ob sie sich wohlfühlen, haben wir bei Insekten das Problem, dass ihr Verhalten und ihre Ausdruckweise ganz und gar nicht dem uns vertrauten Schema entsprechen. Die Größe des Tieres bzw. Volkstärke ist dabei genauso wenig aussagekräftig wie die Produktionsleistung bzw. der Honigertrag. Wesentlich zielführender ist es, das Verhalten und die Bedürfnisse der Honigbienen unter natürlichen Bedingungen zu ermitteln, denn diese haben sich im Laufe der Evolution entwickelt und das Überleben gesichert. Beim Vergleich eines wildlebenden Bienenvolks mit der eigenen Bienenhaltung wird schnell deutlich, wo man den Bedürfnissen der Bienen nicht gerecht wird oder auch nicht gerecht werden kann.

Zum Fangen eines Schwarms sollte die Box ein Volumen von etwa 40 Litern und eine Flugöffnung mit einem Durchmesser von 5 cm haben.

DIE NISTHÖHLE AN DIE VOLKSTÄRKE ANPASSEN

Wildlebende Honigbienen bauen ihre Nester in Höhlen von Bäumen. Neben der Lage und dem Kleinklima achtet der Schwarm bei der Auswahl vor allem auf deren Größe und bevorzugt ein Volumen von etwa 40 Litern. Darin bildet das Volk so frühzeitig einen Schwarm, dass dieser noch ausreichende Nahrungsreserven für den Winter anlegen kann. In einer auf Wirtschaftlichkeit ausgelegten Imkerei verwendet man größere Nesthöhlen bzw. Beuten mit Volumen von 100 und mehr Litern, um das Schwärmen hinauszuzögern und stärkere, ertragreichere Völker zu erzielen. In großen Nestern fällt es den Bienen schwerer, die Hygiene aufrechtzuhalten und kranke Brut zu erkennen und auszusondern. In der naturgemäßen Imkerei wird man es nur mit Bedacht erweitern und die Bienen möglichst selbst entscheiden lassen, ob sie es mit weiteren Waben ausdehnen wollen ➜ Der Beutentyp, S. 196.

Naturwaben im Brutraum (Dadant). Im Brutraum sollte man den Bien frei entscheiden lassen, wie groß er die Zellen baut und wie hoch der Anteil von Drohnenzellen wird.

WABENBAU DEN BIENEN ÜBERLASSEN

Mittelwände im Honigraum (Dadant). Im Honigraum ist die Zellgröße für den Bien eher unwichtig, aber die Mittelwand wird leichter angenommen und gibt mehr Stabilität beim Schleudern.

Für den Bau der Waben verbrauchen die Honigbienen sechs bis acht Kilogramm Honig, um ein Kilogramm Wachs mit ihren Drüsen abzusondern. Früher wurden die Honigwaben ausgeschnitten und die Bienen mussten nach jeder Honigernte neue bauen. Mit Mittelwänden kann man zumindest einen Teil dieses Verlustes ausgleichen. Das zum Gießen der Mittelwände verwendet Wachs stammt oft aus alten Waben, in denen sich Rückstände von Pestiziden und Bienenarzneimitteln angereichert haben können. Die Qualität des Honigs ist nur in Extremfällen beeinträchtigt, aber die in dieser kontaminierten Umgebung aufwachsenden Bienen sind gefährdet. Besser ist es daher, Mittelwände nur aus wenig kontaminiertem Wachs (z. B. Wachs von der Entdeckelung) herzustellen. In einer naturgemäßen Imkerei wird man den Bienen mit Naturwabenbau die Gestaltung der Waben selbst überlassen. Nur im Honigraum kann man wegen der besseren Annahme und größeren Stabilität Mittelwände verwenden → Der Wabenbau, S. 198.

MIT SCHWÄRMEN DIE GESUNDHEIT FÖRDERN

Das Ziel eines jeden Lebewesens ist, sich zu vermehren, um den Erhalt der eigenen Art zu sichern. Darüber hinaus sind Schwärme gesünder und vitaler, da sich die Bienen von Brut und Waben befreit haben und ein Neuanfang möglich ist. Auch das zurückbleibende Volk erfährt durch die junge Königin einen neuen Schub. Am Ende bringt die zwangsläufige Brutunterbrechung einen deutlichen Einbruch bei der Entwicklung der Varroamilbe. Auch wenn das Schwärmen bei Imker*innen aus wirtschaftlichen Gründen unbeliebt ist, sollte man so nah wie möglich am Schwarm arbeiten und eine Brutunterbrechung in die Betriebsweise einbauen → Vermehrung von Honigbienenvölkern, S. 80.

DEN STANDORT MIT BEDACHT AUSWÄHLEN

Ein Schwarm sucht die neue Nisthöhle gezielt, aber den neuen Standort mehr oder weniger nach dem Zufall aus. Allerdings versuchen sie eine Entfernung von mindestens 800 Metern zum Altvolk einzuhalten. So werden weniger Krankheiten übertragen und es besteht eine Chance auf ausreichend Nahrung. Jedes Bienenvolk benötigt für seine Grundversorgung und ausreichende Wintervorräte mindestens 120 kg Nektar und 20 kg Pollen im Jahr. Ohne

Honigbienen verfliegen sich weniger und lassen sich einfacher bearbeiten, wenn die Völker einzeln aufgestellt sind. Der massive U-Stein verhindert das Umkippen und erschwert den Diebstahl von daran befestigten Beuten.

ein entsprechendes Nahrungsangebot kann es nicht überleben. Unter der Obhut des Menschen legt dieser den Standort des Nestes fest und ist somit auch für die Zahl der Völker am Standort und deren Versorgung mit Futter verantwortlich. In einer naturgemäßen Imkerei wird man die Zahl der Völker am Standplatz niedrig halten und eine zu enge Aufstellung vermeiden. Zusätzlich wird man auf mögliche Kontaminationen aus der Umwelt achten und die Nähe zu intensiver Landwirtschaft, Belastungen durch Straßenverkehr und Industrieanlagen vermeiden ➜ Den richtigen Standort suchen und einrichten, S. 214.

NUR HOCHWERTIGES FUTTER ANBIETEN

Wenn man Bienenvölkern den Honig entnimmt, muss ihnen dafür so viel Ersatz geboten werden, dass sie ohne Problem über den Winter kommen. Bei der Zusammensetzung des Futters gehen die Meinungen der Imker*innen weit auseinander. Ohne Frage sind mit Ausnahme von Honigtau die meisten Honige am besten geeignet. Damit trotzdem noch etwas geerntet werden kann, sollten etwa 10 % Honig im Volk verbleiben. Das angebotene Futter sollte die gleiche Zusammensetzung haben wie das in der Natur, d. h. aus Saccharose bzw. Glukose und Fruktose bestehen. Auch die im Handel erhältlichen Kraftfutter können eine vielfältige, natürliche Pollenernährung nicht ersetzen. Manchmal schaden sie sogar mehr, als dass sie helfen ➜ Vom Futter und Füttern, S. 144.

DEN EIGENEN WEG SUCHEN

Wie weit man sich in der eigenen Imkerei von den natürlichen Bedingungen entfernt, wird wesentlich von der Größe und Ausrichtung des Betriebes bestimmt. So müssen die Imker*innen für sich selbst entscheiden, wie weit sie bereit sind, ihre eigenen Ansprüche dem Wohl des Tieres unterzuordnen. Nicht zuletzt werden die Grenzen aber auch durch die Verbraucher*innen gesetzt und dessen Bereitschaft, einen bestimmten Preis für die Produkte zu zahlen. Ein Zusammenhang, der für die gesamte Landwirtschaft ebenso gilt wie für die Imkerei. Auch Imker*innen müssen darüber nachdenken, inwieweit die eigene Betriebsweise noch naturgemäß ist oder ob man sich bereits auf dem Weg zu einer intensiven oder sogar industrialisierten Bienenhaltung befindet. Auch wenn niemand das Rad zurückdrehen kann und will, müssen wir auch in kleinen Betrieben manche Vorgehensweise kritisch überdenken. Auch in einer naturgemäßen Imkerei muss man Kompromisse eingehen, die beiden Seiten gerecht werden: dem Bien und den Imker*innen.

NOSEMOSE

Der Verlauf und die Symptome dieser Darmerkrankung haben sich mit der ursprünglich nur in Asien verbreiteten Art *Nosema ceranae* grundlegend verändert. Die klassische Art, *Nosema apis*, tritt dagegen nur noch selten auf. Die neue Art ist bisher weniger erforscht.

AUFFÄLLIGKEITEN VOR DEM VOLK

- Große braune Kotflecken bzw. Exkremente als Pünktchenketten (*N. apis*) treten am Nesteingang auf.
- Honigbienen krabbeln im Frühjahr (*N. apis*) bzw. im Sommer (*N. ceranae*) vor dem Nesteingang.

SYMPTOME IM VOLK

- Auf Waben findet man braune Kotflecken (*N. apis*).
- Der Bien entwickelt sich nur schleppend (*N. apis* und *N. ceranae*).

URSACHEN

- Zwei Pilz-Arten können nur im Labor sicher unterschieden werden:
  - die bei uns bisher verbreitete *Nosema apis*,
  - die seit etwa 2003 in Deutschland eingeschleppte asiatische *Nosema ceranae*.
- Die bei uns neue *N. ceranae* verdrängt meist *N. apis*.
- Beide Pilze vermehren sich in der Mitteldarmwand:
  - *N. apis* langsam, nur in langlebigen Winterbienen,
  - *N. ceranae* schnell, auch in kurzlebigen Sommerbienen.
- Bienen können Proteine aus Pollen nicht mehr aufschließen.
- Saisonales Auftreten:
  - *N. apis*: meist im Frühjahr mit Durchfall,
  - *N. ceranae*: vor allem im Sommer meist ohne Durchfall.
- Die infizierten Bienen sind kurzlebiger.
- Durch Pflanzenschutzmittel wie Neonicotinoide vorgeschädigte Bienen sind anfälliger für die Infektion.
- Durch die Varroa-Virus-Infektion geschwächte Bienen erkranken stärker.

VERWECHSLUNG

Der Verlauf bei *Nosema apis* ist Amöbenruhr (*Malpighamoeba mellificae*) ähnlich, die Bienen geben aber goldgelben Kot ab.
Große braune Kotspritzer treten auch bei der durch Verdauungsstörungen ausgelösten Ruhr auf.
Krabbelnde und tote Bienen findet man auch bei Vergiftungen und anderen Krankheiten vor dem Nesteingang.

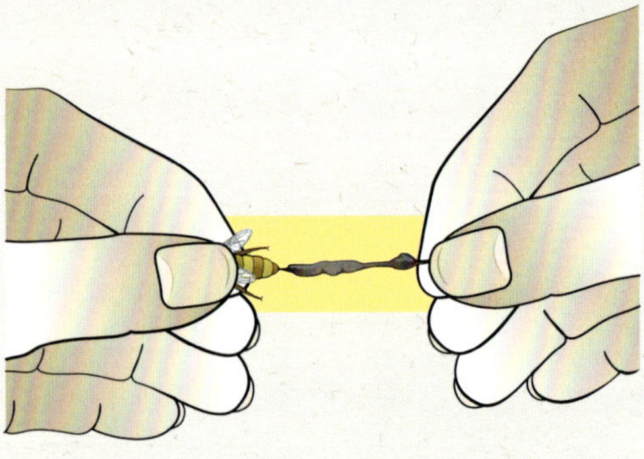

Einen starken Befall mit Nosema kann man anhand der Darmprobe feststellen. Dazu wird die Biene in einer Hand festgehalten und mit der anderen der Darm am letzten Hinterleibsring herausgezogen.

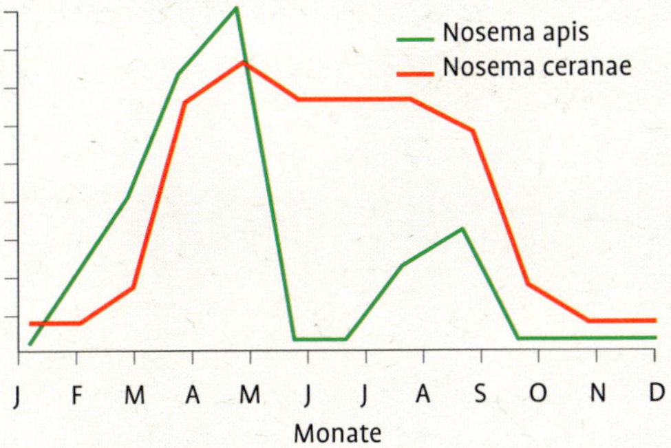

Nosema apis vermehrt sich nur in langlebigen Bienen. Die Infektion ist daher in Winterbienen im Frühjahr und Herbst am höchsten. Bei *Nosema ceranae* sind dagegen übers ganze Jahr auch kurzlebige Sommerbienen betroffen.

AUSBREITUNG

- Im Bienenvolk:
  - *N. ceranae* vornehmlich durch Futteraustausch zwischen den Bienen,
  - *N. apis* beim Reinigen der Waben über Exkremente.
- Zwischen Bienenvölkern:
  - über Flugbienen (z. B. bei Verflug),
  - über mit Pilz-Sporen kontaminierte Waben,
  - durch Verstellen von Bienenvölkern.

BEKÄMPFUNG

- Eine Selbstheilung ist möglich!
- Brutumsatz durch Anwandern von geeigneten Nahrungsquellen (Pollen) anregen.
- Infektionsquellen wie alte Waben ausschließen.
- *N. apis* alte Bienen durch Bildung eines Brutablegers absondern.
- Zurzeit keine zugelassenen Medikamente erhältlich.
- Pflanzenextrakte und andere Substanzen zur „Stärkung" der Bienen im Handel erhältlich.
- Beuten und Waben mit 60%iger Essigsäure desinfizieren.
- *N. ceranae* durch eine Woche langes Durchfrieren der Vorratswaben töten.

VORBEUGUNG

- Nosemose ist in allen Bienenvölkern verbreitet.
- Die typische Faktorenkrankheit bricht aus bei:
  - überalterten Bienen,
  - einem geringen Bienenumsatz,
  - durch Sporen aus der Umgebung bzw. in kontaminiertem Futter.
- Lange Weisellosigkeit vermeiden.
- Einen geeigneten Überwinterungsstandort für frühe und häufige Reinigungsflüge wählen.
- Regelmäßig vor allem bebrütete Waben erneuern.
- Varroa-Virus-Infektion rechtzeitig bekämpfen.
- Wegen des Einflusses von Pestiziden vor allem Flächen mit intensiver Landwirtschaft meiden.

Beim herausgezogenen Darm (Darmprobe) erscheint der gesunde (links) gelblich-braun und der mit *Nosema* befallene (rechts) weißlich-glasig. Die Verdickungen unten im Bild sind die Kotblasen.

VOLLFRÜHLING

Kurz und bündig

- Die Jahreszeit beginnt mit der Apfelblüte → links.
- Pollen und Nektar sind reichlich vorhanden und das Brutnest erreicht bald sein Maximum.
- Drohnenbrut kann weiter entnommen werden.
- Die Wanderung gut planen und vorbereiten.
- Der erste Honigraum kann in starken Völkern gegeben werden.
- Schwarmstimmung setzt in stärkeren Völkern ein.

VOLLFRÜHLING: BESTÄUBUNG DER OBSTBÄUME

Der Vollfrühling wird durch die Apfelblüte eingeleitet. Alternativ kann auch die Blattentfaltung der Stieleiche diese Phase anzeigen. Das kann in warmen Regionen wie dem Rheintal schon gegen Ende April sein, sich aber in Norddeutschland noch bis Mitte Mai hinziehen. Die Rapsblüte ist jetzt im vollen Gange und bringt in Mittel- und Norddeutschland die wohl wichtigste Ernte. Ebenfalls im Obstbau ist die Bestäubung durch die Honigbienen gefragt, denn sie bringen auch hier bessere Ernten und Qualität. Ein Grund, weshalb in manchen Regionen, wie dem Alten Land bei Hamburg oder dem Bodenseegebiet, ihre Leistung auch bezahlt wird. Doch auch unbezahlt profitieren Landwirtschaft und Imkerei voneinander, denn beide erreichen höhere Erträge, die einen vom Obst, die anderen vom Honig. Am Anfang ist neben dem Apfel auch die Sauerkirsche noch in Vollblüte, während die der Süßkirsche zu Ende geht. Zum Schluss dieser Jahreszeit blüht die Himbeere. Doch der viele gelbe Pollen, der mancherorts alles überzieht, stammt meistens von Windbestäubern, zunächst von der Fichte, dann von der Kiefer. Den Bienen bringen sie weder Arbeit noch Nutzen. Trotzdem sind in dieser Zeit reichlich Nektar und Pollen im Angebot, sodass an Honigernte gedacht und das Schwärmen beachtet werden muss.

Bei der Fichte wird der weibliche Zapfen hinten rechts vom Pollen des männlichen (hinten Mitte) über den Wind bestäubt. Der befruchtete Zapfen hängt dann nach unten (rechts unten).

TRACHTPFLANZEN

WILDPFLANZEN

Die folgenden Pflanzen werden mit Werten für Nektar (N) und Pollen (P) angegeben:
1 = gering
2 = mittel
3 = gut
4 = sehr gut.

Eberesche oder Vogelbeere (*Sorbus aucuparia*): Strauch oder Baum in Mischwäldern und an Straßen (N2/P2).

Gewöhnliche Rosskastanie (*Aesculus hippocastanum*): Baum in Mischwäldern, Parks und an Straßen (N3/P3).

Flieder (*Syringa vulgaris*): Strauch in Steinschutt und Gärten (N2/P3).

Goldregen (*Laburnum anagyroides*): Gebüsch in Trockenwäldern (N1/P2).

Seit dem ➜ Erstfrühling blüht noch:

- **Buschwindröschen** (*Anemone nemorosa*) (N0/P2)
- **Löwenzahn** (*Taraxacum* sectio *Ruderale*) (N3/P4)
- **Schlehe** (*Prunus spinosa*) (N2/P2)
- **Spitzahorn** (*Acer platanoides*) (N3/P2)

Himbeere (*Rubus idaeus*): Strauch in Mischwäldern und an Waldrändern (N4/P3).

Wiesenschaumkraut (*Cardamine pratensis*): 15 bis 55 cm hohe Pflanze auf feuchten Wiesen und in Auwäldern (N2/P2).

NUTZPFLANZEN

Seit dem ➜ Erstfrühling blüht noch:

- **Rote Johannisbeere** (*Ribes* spp.) (N2/P2)
- **Stachelbeere** (*Ribes uva-crispa*) (N3/P1)
- **Süßkirsche** (*Prunus avium*) (N4/P4)
- **Winterraps** (*Brassica napus*) (N4/P4)

Apfel (*Malus domestica*): Baum in Gärten und Obstwiesen (N4/P4).

Sauerkirsche (*Prunus cerasus*): Baum in Gärten und Obstwiesen (N4/P4).

VORGÄNGE IM BIENENVOLK

Sobald im Altvolk die Schwarmzellen angelegt sind, nehmen die Bautätigkeit und die Aufzucht von Brut ab.

DER SCHWARM GEHT AB

Noch vor dem Schlupf der Jungkönigin geht zwischen 10 und 13 Uhr der Schwarm mit der Altkönigin und einem Teil der Bienen ab → Vermehrung von Honigbienenvölkern, S. 80. Sie sammeln sich meist nur für eine kurze Zeit in der Nähe des Nestes. Jetzt kann man den Schwarm noch leicht einfangen. Später wird es schwieriger und ist fast nur noch mit Schwarmfängern möglich. Am besten nimmt man den Schwarm vorweg → Schwarm vorwegnehmen, S. 82 und lässt ihn wie im natürlichen Schwarm die Waben selbst bauen. Sie dienen zunächst der Vorratshaltung und bald auch der Aufzucht von Brut → Abb. unten rechts. Im zurückbleibenden Altvolk werden wieder Eier abgelegt, sobald die junge Königin begattet ist. Wenn die Bienen den Brutraum noch gut besetzen, kann man, wenn nicht bereits geschehen, wie auch in entsprechend starken Völkern ohne Schwarmstimmung den Honigraum aufsetzen → Abb. unten links.

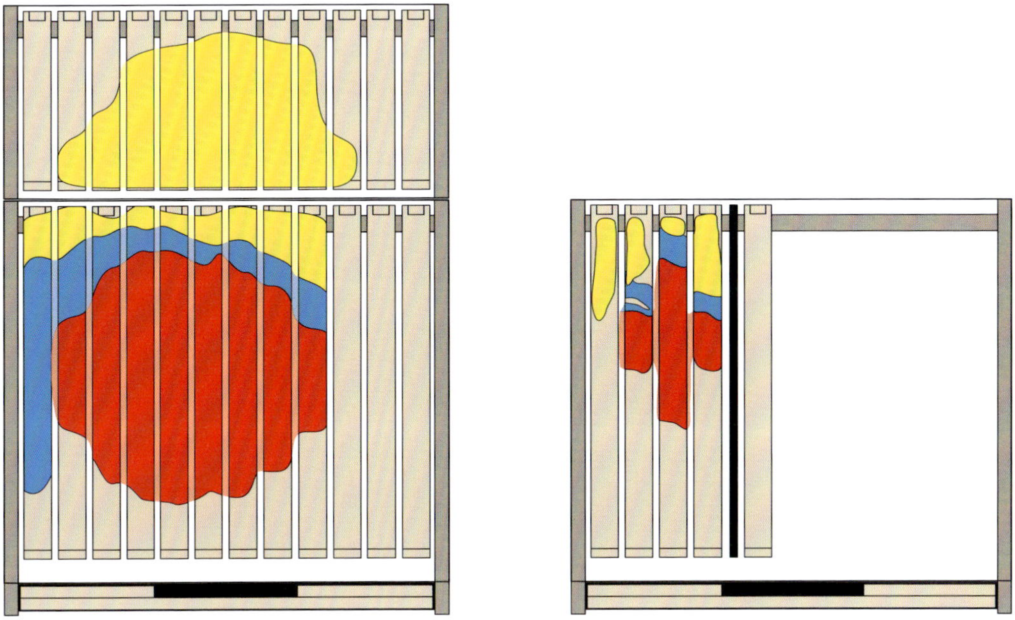

Bienenvolk im Dadant-Brutraum: Rot = Brut, gelb = Honig, blau = Pollen (rechts Ableger).

Das sollte man wissen

- Nach der Kirschblüte haben sich die Völker rasant entwickelt und kommen schnell in Schwarmstimmung.
- Die Durchlenzung, der Abgang von Altbienen, ist bald abgeschlossen.
- Die Zahl der Varroamilben nimmt deutlich schneller zu als zuvor.
- Mehr Milben reproduzieren sich in der vermehrt aufgezogenen Drohnenbrut.
- Symptome von Brutkrankheiten werden im Nest deutlich sichtbar.
- Im Nest vermehrt sich *Nosema apis* kaum noch, aber *Nosema ceranae* immer besser.
- Adulte Kleine Beutenkäfer und Larven können in schwach besetzten Beuten sichtbar werden (bei uns noch nicht gefunden).

DAS IST ZU TUN

VÖLKER BEARBEITEN

- Das Brutnest sollte man möglichst unverändert lassen.
- Die Brutwaben auf Entwicklung und Krankheiten kontrollieren.
- Eventuell geplante Wanderung vorbereiten und durchführen.
- Bei ausreichend starken Völkern jetzt den Honigraum aufsetzen.

FUTTERVERSORGUNG PRÜFEN

- Der Bien braucht eine gute Versorgung mit Pollen und Nektar.
- Die Larven müssen im Futter schwimmen, da sie sonst als ausgewachsene Honigbienen anfällig für Krankheiten werden.

SCHWARMTRIEB KONTROLLIEREN

- Die Bautätigkeit im Baurahmen prüfen.
- Die Brutwaben auf Schwarmzellen durchschauen.

VÖLKER VERMEHREN

→ Vermehrung von Honigbienenvölkern, S. 80

- Den Schwarm fangen oder anlocken.
- Den Schwarm vorwegnehmen durch Brut- und Flugling.
- Zusätzliche Ableger und Jungvölker bilden.
- Für weitere Trachten Zwischenableger bilden.

ARBEITEN AM BIENENVOLK

Der nächste Schritt der Erweiterung ist das Aufsetzen des Honigraums. Das geschieht meistens zur Blüte der Süßkirsche, also zum Ende des Erstfrühlings.

ERSTEN HONIGRAUM AUFSETZEN

Macht man es sehr früh, dann nimmt man dem Bien zwar die Schwarmstimmung, aber auch hier wegen nachlassender Bruthygiene die Kraft zur Selbstheilung. In einer Imkerei mit Naturwabenbau und ungleichem Maß wie der Dadant-Beute wird man im Honigraum an Mittelwänden nicht vorbeikommen, denn Leerräume über ausgebauten Waben kennen die Bienen nicht. Dies verwirrt und stresst sie. Man kann auch Leerrähmchen im Wechsel mit Mittelwänden oder ausgebauten Waben geben. Allerdings kann dies bei guter Tracht zu Dickwaben führen.

Aus dem gleichen Grund gibt man Mittelwände und ausgebaute Waben nicht im Wechsel, sondern drei ausgebaute Waben in die Mitte und Mittelwände außen.

Ein heikles Thema in der naturgemäßen Imkerei ist das Absperrgitter. Ohne Frage können durch die Trennung zwischen Brut- und Honigraum leichter auch geringe Trachten geerntet werden. Zudem kann der Brutkörper unten enger gehalten werden, damit der Honigraum eher besetzt wird, was in einer naturgemäßen Imkerei aber nur sehr sanft erfolgen darf. Vor allem aber kann man dann Bienenfluchten einsetzen und den Honigraum für die Honigbienen schneller und schonender abnehmen. Aus diesem Grund muss auch in einer naturgemäßen Imkerei abgewogen werden, was für den Bien besser ist. Viel entscheidender als die Frage des Absperrgitters ist es aber, das Brutnest nicht mutwillig zu verändern und die Bienen nach ihren Bedürfnissen bauen zu lassen.

Das Absperrgitter ist immer ein Fremdkörper im Nest, zusammen mit Bienenfluchten macht es die Abnahme des Honigraums aber einfacher und schonender.

Aufgrund der unterschiedlichen Rähmchenmaße bei der Dadantbeute sind die Waben des Honigraums nie im Brutraum gewesen und daher weniger kontaminiert.

Sobald die Schwarmzellen gedeckelt sind, steht der Auszug des Schwarms kurz bevor.

SCHWARMTRIEB KONTROLLIEREN

Den Schwarmtrieb muss man in regelmäßigen Abständen von 7 bis 9 Tagen kontrollieren, wenn man verhindern will, dass er unkontrolliert abgeht. Am einfachsten ist die Schwarmkontrolle bei Magazinen mit geteiltem Brutraum. Hier kann man den oberen Brutraum nach oben kippen. Da Weiselzellen bevorzugt an der Wabenunterkante angelegt werden, kann man sie leicht an den unteren Wabenschenkeln erkennen. Nur selten wird man dabei eine etwas höher platzierte übersehen. Bei Großraumbeuten wie beim Dadant-Maß muss man die Brutwaben einzeln entnehmen. Das ist zwar arbeitsaufwendiger, aber mit dem Ziel, den Schwarm vorwegzunehmen, doch im Zeitaufwand überschaubar; denn man wird, sobald erste Stimmung aufkommt, sofort handeln.

FÜR ODER GEGEN DEN SCHWARM ENTSCHEIDEN

Schon mit der Zugabe des Honigraums wurde das Nest erweitert und zumindest vorübergehend etwas die Schwarmstimmung genommen. Doch unweigerlich drängt der Bien weiter zur Vermehrung. Bei vielen Imker*innen kommt nun Stress auf. Einbußen beim Honigertrag oder gar Verlust von Schwarm und Altvolk werden befürchtet. Häufig überwiegt auch die Angst vor der bevorstehenden, leider immer noch tief verwurzelten Schmach, dass nur bei einem schlechten Imker die Honigbienen schwärmen. Viel entscheidender ist es, jetzt keinen Fehler zu machen, der dem Bien schadet!

Den Schwarmtrieb kann man hinauszögern, wenn man vorsichtig schröpft, den Bautrieb anregt, rechtzeitig erntet oder die Raumgabe auf die Volksentwicklung abstimmt. Zu großzügiges Erweitern nimmt dem Bien allerdings die Möglichkeit zur Bruthygiene und damit zur Selbstheilung. Das Volk zu Unzeiten zu teilen oder vorzeitig einen Ableger zu bilden, wirkt wie eine Frühgeburt, mit angeschlagenem Muttertier und schwächelndem Nachwuchs als Ergebnis. Nur wenn der Schwarmtrieb mal zeitlich gar nicht passt, kann man als Notmaßnahme auch mal Weiselzellen ausbrechen.
Der Königin den Flügel zu schneiden ist von gestern → Ethik in der Bienenhaltung, S. 162. Wer beides regelmäßig praktiziert, zeigt wenig Bereitschaft, sich in die Abläufe und die Bedürfnisse des Biens einzufühlen. Besser ist es, die Stimmung des Biens zur Vermehrung abzuwarten und dann den Schwarm vorwegzunehmen → Vermehrung von Honigbienenvölkern, S. 80.

Der in eine neue Beute eingeschlagene Schwarm hängt sich am Deckel auf. Hier sollte man bald Baurahmen geben, damit kein „Wildbau" entsteht und die Waben mobil bleiben.

GESUNDHEITSÜBERWACHUNG

BIENENFLUG BEOBACHTEN

- Regelmäßig Bienenflug, Sammeln von Pollen und Nektar beobachten.

TOTENFALL VOR NESTEINGANG ÜBERWACHEN

An Flugtagen findet man tote Bienen vor dem Flugloch.

- Bei bis zu 100 toten Bienen vor dem Flugloch ist alles in Ordnung.
- Nach Schlechtwetterperioden können es auch mehr sein.
- Viele Tote weisen auf Krankheiten hin → Acarapisose, S. 42.
- Missgebildete Bienen können auf eine hohe Varroa-Virus-Infektion als Ursache hinweisen.

KRABBLERN UND HÜPFENDEN BIENEN NACHFORSCHEN

Viele am Boden krabbelnde oder hüpfende Bienen können auf folgende Ursachen haben (siehe jeweils dort):

- Nosemose (*N. ceranae*)
- Maikrankheit
- Vergiftung

VERDACHT AUF VERGIFTUNG ÜBERPRÜFEN

Bei akuten Vergiftungen kommt es zu auffälligen Erscheinungen:

- Viele tote Bienen, schwarze, manchmal „nass" erscheinende Bienen liegen am Boden vor dem Flugloch.
- Am Flugloch kommt es zwischen den Bienen zu Kämpfen.
- Die toten Bienen haben oft ihren Rüssel ausgestreckt.
- Nach Verlust vieler Flugbienen (Kahlfliegen) findet man nur noch die jüngeren Bienen auf den Waben des deutlich geschwächten Volkes.

AMERIKANISCHE FAULBRUT ERKENNEN

Nur von den brutpflegenden Bienen verwendetes Futter kann mit Sporen des Erregers der Amerikanischen Faulbrut kontaminiert sein:

- Futter von Futterkranz, um gedeckelte Brut für Diagnose von Amerikanischer Faulbrut zu entnehmen und an Untersuchungsstelle zu senden. Allerdings sind diese bei starker Tracht wegen des Verdünnungseffektes nicht aussagekräftig.
- Brutwaben können auf Symptome der Amerikanischen Faulbrut untersucht werden ➜ Amerikanische Faulbrut, S. 86.

KOT AM NESTEINGANG NACHGEHEN

Nicht alle Bienen schaffen es, erst im Flug den Kot abzusetzen. Daher sollte man den Nesteingang beobachten.

- Zähe Kot-Würstchen haben meist die Maikrankheit als Ursache ➜ Gesundheitsüberwachung im Erstfrühling, S. 55.

MASSNAHMEN DER GESUNDERHALTUNG

VARROABEHANDLUNG EINLEITEN

- Baurahmen zum Drohnenbrut ausschneiden, ans Brutnest hängen und vor dem Schlupf entnehmen.
- Bei Naturwabenbau Drohnenbrut mit Entdeckelungsgabel entfernen.
- Zur Reduktion des Milbenbefalls Brutwaben entnehmen.
- Bei hohem Befall und missgebildeten Honigbienen im Kunstschwarm behandeln.

Spätestens im Vollfrühling kann der Baurahmen entnommen und die Drohnenbrut ausgeschnitten werden. Die Brut darf aber wegen der Gefahr, damit Krankheiten wie Faulbrut zu verbreiten, nicht offen liegen gelassen werden.

DROHNENBRUT VERNICHTEN

Da die entnommene Drohnenbrutwabe wertvolles Wachs enthält, schmilzt man sie am besten ein ➜ Wachs, ein wertvolles Bienenprodukt, S. 180. Der Bau von neuen Waben ist immer mit viel Aufwand und auch Verbrauch von Futter verbunden. Man sollte daher die Waben für die nächsten Einsatz nicht zerstören, sondern nur die Brut daraus entfernen. Dazu schneidet man mit einem Messer die Zelldeckel ab und wäscht die Brut mit einem Wasserstrahl aus den Zellen in ein Doppelsieb. Im oberen Grobsieb bleiben die Drohnenpuppen zurück, die als wertvolle Proteinkost an Vögel und Fische verfüttert werden können. Unten im Feinsieb kann man die ausgewaschenen Milben zählen. Viele sind enttäuscht, wenn sie trotz des großen Arbeitsaufwands oft nur wenige Milben finden. Man muss dabei jedoch an die Vermehrungsrate der Milben denken. Aus einer Milbe im Frühjahr können 400 im Spätsommer werden. Mit zehn mit der Drohnenbrut eliminierten Milben hat man den späteren Befall bereits unter die Schadensgrenze gedrückt. Bleibt noch die Frage, wie oft man das Ganze wiederholen sollte. Die Erfahrungen sind ganz unterschiedlich, wir schneiden in der Regel zwei Mal aus. Auf jeden Fall sollte man es nicht übertreiben. Zu viel des Guten kann dem Bien erheblich schaden und die Begattung von Königinnen in der Nachbarschaft gefährden.

Wenn man die Zelldeckel der Drohnenbrut mit einem Messer entfernt, kann man die Brut in ein Doppelsieb auswaschen und die Milben zählen.

Baurahmen werden nur dann immer mit Drohnenzellen ausgebaut, wenn den Völkern sonst nur aus Mittelwänden aufgebaute Waben zur Verfügung stehen. Mit den auf den Mittelwänden vorgegebenen Arbeiterzellen werden die Völker daran gehindert, ihrem natürlichen Drang nach 20 % bis 30 % Anteil an Drohnenbrut nachzukommen. Bei Naturwabenbau werden deshalb die Baurahmen mit

Im Naturwabenbau werden Drohnen- und Arbeiterbrut auf derselben Wabe angelegt. Diese kann man einfach mit einer Entdeckelungsgabel entfernen und dabei noch leicht den Befall erkennen.

Arbeiter- und Dohnenzellen ausgebaut. Aber auch dann kann man den Milbenbefall mit der Entnahme von Drohnenbrut reduzieren. Dazu wird sie mit einer Entdeckelungsgabel aus der Zelle gezogen. Die Nachkommen der Varroamilben sterben ab, aber die erwachsenen Weibchen können neue Zellen entern. Dies schmälert den Effekt etwas, aber nicht entscheidend.

VOLLSTÄNDIG DIE BRUT ENTNEHMEN

Aus stark mit Varroamilben befallenen Völkern kann man zur Reduktion des Milbenbefalls einige oder sämtliche Brutwaben entnehmen. Ist der Befall sehr hoch und treten bereits missgebildete Honigbienen auf, sollte man wegen der auftretenden hohen Viren-Belastung auch die übrigen Waben entnehmen und einen Kunstschwarm bilden. Dieser wird mit einem geeigneten Medikament wie z. B. Oxalsäure oder Milchsäure besprüht. Mit den Brutwaben kann man einen Brutsammler bilden und die Honigbienen nach dem Schlupf sämtlicher Brut ebenfalls behandeln. Besonders bei starkem Varroabefall ist es besser, die Brutwaben zu vernichten ➜ Varroa-Virus-Infektion, S. 129.

ARBEITEN AM BIENENSTAND

Für viele Imker im Norden Deutschlands ist der Rapshonig oft die einzige schleuderbare Tracht im Jahr. Um bessere Erträge zu erzielen, sollten die Völker möglichst nahe an den Rapsfeldern stehen.

MIT BIENENVÖLKERN WANDERN

Dazu müssen die Völker oft in die Nähe der Felder gebracht werden. Andere Standorte sind zwar für die Überwinterung geeignet, bieten aber ganzjährig zu wenige Nektarquellen. Vor allem Neben- oder Haupterwerbsimker*innen möchten so viel Honig wie möglich ernten und stellen ihre Völker ein- bis zwei- oder sogar mehrmals im Jahr an neue Standorte. Wenn man mit seinen Völkern wandert, benötigt man je nach Distanz und Regelung im Bundesland ein Gesundheitszeugnis ➜ Für alle Anfänger als Einstieg, S. 38.

Im Gegensatz zu Wanderschwärmen von wilden Honigbienen in Afrika und Asien wird beim Wandern in der Imkerei das gesamte Nest mitsamt den Waben verstellt. Dadurch erhalten die Waben jedes Mal eine neue Ausrichtung zum Erdmagnetfeld. Dies irritiert

Um den Stress beim Wandern gering zu halten, sollten die Kästen gut durchlüftet sein und man im Notfall Wasser geben können.

den Bien, da er immer die Waben so zum Erdmagnetfeld ausgerichtet baut, wie er es im Altvolk gewohnt war. Zweifellos besteht hier ein Konflikt zwischen dem Wunsch der Imker*innen nach mehr und sortenreicheren Honigernten und dem Bedürfnis des Biens nach einem permanenten Standort des Nestes.

Auf jeden Fall sollte man den Stress für sich selbst und den Bien so gering wie möglich halten. Das heißt, alles gut planen und sorgfältig vorbereiten. Für die Honigbienen ist die Fahrt nachts angenehmer, da sie sowieso weniger aktiv sind und es in der Regel kühler ist. Falls es dann doch mal in den Tag hineingeht und zu warm wird, müssen sie gut mit Wasser versorgt werden, um Schäden und ein Verbrausen zu verhindern. Wasser und Sprühflasche gehören daher unbedingt ins Gepäck. Aber auch Schleier und Raucher müssen ständig parat sein, falls es doch mal brenzlig wird. Vor einem Unfall ist niemand gefeit. Aber schon oft sind Imker*innen beim Wandern im Stau oder aufgrund einer Autopanne stecken geblieben. Dann wird bei offenen Fluglöchern die Weiterfahrt kritisch. Schließlich fliegen sich die Bienen am vermeintlich „neuen" Standort ein. Wer es trotzdem tut, hat mit Tierwohl nicht viel im Sinn. Auch wenn man tagsüber mit offenen Fluglöchern im geschlossenen Transporter unterwegs ist, sind hohe Verluste vorprogrammiert, auch wenn sie für andere im Verborgenen bleiben. Wir wandern immer mit geschlossenen Fluglöchern und guter Lüftung. So erfährt der Bien, dass da vorübergehend nichts „läuft" und es gibt unterwegs keine Verluste.

ARBEITEN IM BIENENGARTEN

Grundsätzlich steht die Entscheidung an, was als Unkraut vernichtet wird oder Wildkräuter bleiben darf. Hier sollte man sich besonders auf den Rasenflächen großzügig für die Bienen und weniger für das „ordentliche" Aussehen entscheiden. Die Eisheiligen können mit ihren Frösten noch manches zu früh Ausgesätes oder Gepflanztes zunichtemachen. Aber auch die Obstblüte kann ganz oder teilweise erfrieren, was nicht nur eine schlechte Ernte, sondern auch den Honigbienen weniger Nahrung bringt. Frostgefährdete Zwiebel- und Knollenblumen kann man danach auspflanzen. Wer im Erstfrühling verpasst hat, Sommerblumen auszusäen, kann dies nun nachholen.

VERMEHRUNG VON HONIGBIENENVÖLKERN

Tiere vermehren sich, um die eigene Art zu erhalten. Honigbienen vermehren sich über den Schwarm, der aus einem Teil des Bienenvolks und der Königin besteht. Unweigerlich wird durch diesen Abgang von Honigbienen das Wirtschaftsvolk kleiner und Honigertrag geringer. In der Imkerei ist das Schwärmen deshalb nicht beliebt und man versucht es mit allen Mitteln zu verhindern. Doch die unbändige Kraft im Schwarm sollte man nutzen und möglichst nahe am Schwärmen vermehren ➜ Schwarm vorwegnehmen, S. 82. Wenn man so nahe am Schwarm arbeitet, wird auch mal der eine oder andere abgehen. Doch auch der ist nicht verloren.

DEN SCHWARM FANGEN

Hat es doch einmal ein Schwarm geschafft, abzuhauen, kann man ihn zumindest an seinem ersten „Rastplatz" in der Nähe des Standes leicht einfangen. Später ist dieser höher gelegen und daher aufwendiger. Beim Fangen des Schwarms geht die eigene Gesundheit vor, und man verzichtet eher auf die Bienen, als zu viel zu riskieren.

Meistens benötigt man eine Leiter, die stabil aufgestellt und zusätzlich gesichert sein sollte. Zunächst besprüht man die Schwarmtraube mit Wasser. Dann stößt man den Schwarm mit einem kräftigen Ruck in die darunter gehaltene Schwarmkiste. Anschließend stellt man die Kiste auf den Boden unter dem Baum, damit die restlichen Bienen zufliegen können. Der Schwarm hat eigentlich seine Herkunft vergessen und kann überall aufgestellt werden Zur Sicherheit sollte man die geschlossene Kiste über Nacht an einen kühlen Ort stellen. Am nächsten Tag werden die Bienen bei Bedarf in eine neue Beute eingeschlagen.

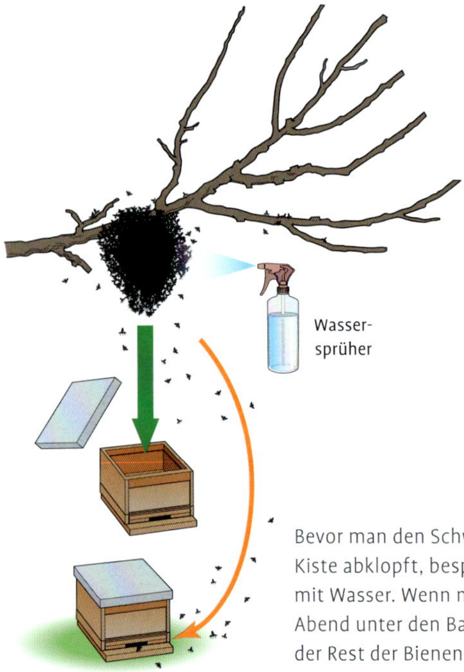

Bevor man den Schwarm in die Kiste abklopft, besprüht man ihn mit Wasser. Wenn man ihn bis zum Abend unter den Baum stellt, kann der Rest der Bienen zufliegen.

SCHWARM ANLOCKEN

Die meisten Schwärme hängen aber so ungünstig, dass man nur schwer an sie herankommt. Einfacher kann man den Schwarm in eine in 3 bis 5 Metern Höhe im Baum aufgehängten Schwarmkiste anlocken. Die Kiste sollte ein Volumen von etwa 40 Litern und ein Flugloch mit einem Durchmesser von 5 cm haben. Am einfachsten wäre es, den Schwarm mit einer gebrauchten, nach Bienen riechenden Beute anzulocken. Dies ist aber nach § 6 der Bienenseuchenverordung wegen der Gefahr der Verbreitung von Faulbrut nicht erlaubt. Denn gebrauchte leere Beuten darf man nicht offenstehen lassen. Man kann diese berechtigte Einschränkung umgehen, wenn man einen Pappkarton in einem neuen leeren Schwarmkasten unterbringt → Bild. Zum Anlocken verwendet man einige Tropfen Zitrusöl. Ist ein Schwarm eingezogen, verfährt man wie beim eingefangenen weiter. Nachdem der Schwarm in eine Beute umlogiert wurde, verbrennt man den Pappkarton.

Das Flugloch der Holzkiste muss vorher markiert und ausgeschnitten werden.

Der Schwarm kann in eine Kiste mit Einwegkarton (DHL L) und ein paar Tropfen Zitrusöl legal angelockt werden.

Die Schwarmkiste wird am Waldrand mindestens drei Meter hoch im Baum oder an einer besonders exponierten Stelle aufgehängt.

SCHWARM VORWEGNEHMEN

Den unkontrollierten Abgang von Bienen kann man verhindern, wenn man den Schwarm vorwegnimmt. Dabei sollte man unbedingt die beim natürlichen Schwärmen entstehende Brutunterbrechung nutzen, um den Varroabefall niedrig zu halten. Zunächst teilt man den Bien in Brut- und Flugling. Da mit dem Flugling der Schwarm simuliert werden soll, bekommt dieser die Altkönigin, 10 000 bis 15 000 Bienen und mindestens vier Baurahmen. Erst nach dem Bau der ersten Waben kann die Königin mit der Eiablage beginnen.

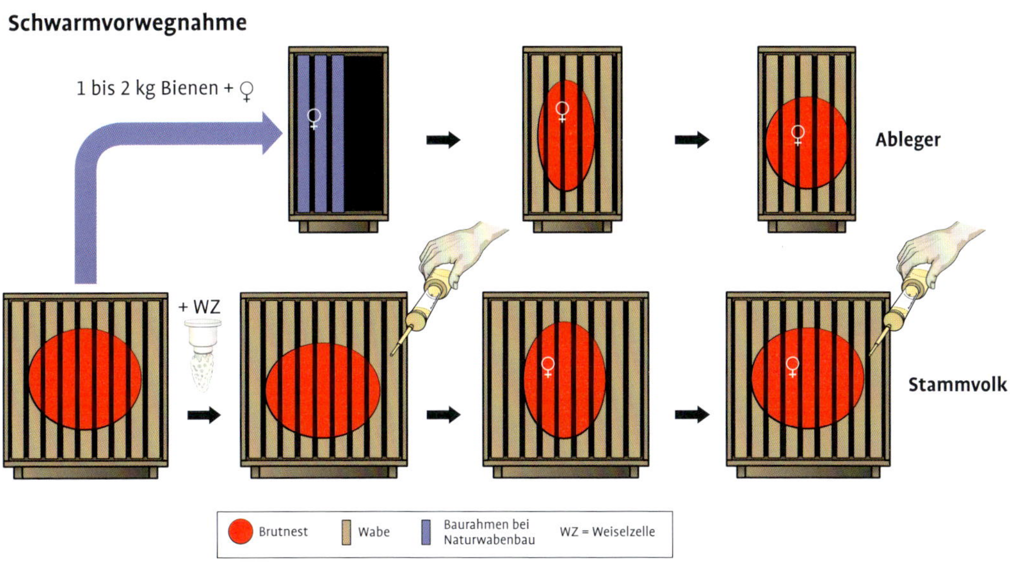

Bei der Vorwegnahme des Schwarms entnimmt man 1 bis 2 kg Bienen mit Königin und bildet mit Baurahmen einen Flugling. Um die Brutunterbrechung zu nutzen, werden erst nach frühesten 7 Tagen Mittelwände oder Waben zugegeben. Im Brutling erreicht man dies, wenn man ihn selbst eine Königin aufziehen lässt. Beide kann man gegen die Varroose behandeln.

Dadurch kann der Bien zwar bis zu 60 % schwächer werden, aber er holt dies innerhalb von vier Wochen locker auf. Arbeitet man mit Mittelwänden im Brutraum, kann man später welche hinzugeben. Der Flugling kommt auf den alten Platz des Stammvolkes und der Brutling daneben oder an einen neuen Platz. Im Brutling werden alle Weiselzellen bis auf eine ausgebrochen. Auch hier kommt es zur Unterbrechung der Brutaufzucht, die erst nach der Begattung der Jungkönigin wieder beginnt. Will man noch stärker vermehren, kann man den Brutling je nach Stärke weiter in zwei bis drei Jungvölker aufteilen und auf einem mindestens zwei Kilometer entfernten Stand aufstellen. Jeder Brutling sollte aber aus mindestens 5 000 Bienen, zwei Brutwaben mit einer Schwarmzelle und einer Futterwabe bestehen.

MIT ZWISCHENABLEGERN DIE HONIGERNTE SICHERN

Will man seine Völker nicht vermehren oder erwartet man noch eine Tracht, kann man auch einen Zwischenableger bilden. Dabei geht man genauso vor wie bei der Vorwegnahme des Schwarms.

Bei einzeln aufgestellten Beuten kann man einen Ablegerkasten als Balkon anhängen. Da die Flugbienen überwiegend ins alte Volk zurückkehren, muss der Ableger mehr Bienen bekommen.

Die in eine Schwarm- oder Ablegerkiste abgefegten bzw. abgeklopften Bienen können dort direkt mit einem Medikament gegen die Varroa behandelt werden.

Der Zwischenableger kann man entweder auf einem mindestens zwei Kilometer entfernten Platz aufstellen oder, wenn dies nicht möglich ist, auch in Form eines Brutlings und Fluglings am selben Platz bilden. Der Flugling kommt dann mit der alten Königin an den alten Platz und der Brutling wird davon entfernt oder direkt daneben aufgestellt. Man kann ihn auch auf das Volk mit dem Flugloch nach hinten platzieren. Damit sie sich später leichter vereinigen lassen, legt man zwischen beide Beuten einen Zwischenboden mit Fliegengitter, damit der Stockgeruch gleichbleibt. Nach frühestens 9 Tagen braucht man dann nur, den Zwischenboden wegnehmen. Sonst vereinigt man beide mit Zeitungspapier ➜ Völker vereinigen, S. 51. In beiden Fällen muss man festlegen, ob man die Königinnen entscheiden lässt, wer zukünftig die Eier legt oder ob man zur Verjüngung die „alte" abtötet. Man kann sie auch in ein Begattungskästchen geben und für den Notfall für weisellose Völker bereithalten.

ABLEGER BILDEN

Wenn man nicht so nahe am Schwarmgeschehen vermehren möchte, kann man auch kurz vorher mit einem Teil der Bienen aus starken Völkern entweder einen Brutableger oder einen Kunstschwarm bilden. In beide kann man eine Königin einweiseln oder den Brutableger eine nachziehen lassen. Beide haben den Vorteil, dass damit auch im Altvolk die Neigung zum Schwärmen reduziert wird. Wenn man den Ableger aus ein bis zwei gedeckelten Brutwaben und etwa einem Kilogramm Bienen bildet, senkt man damit gleichzeitig die Zahl der Varroamilben im Altvolk. Denn bereits im Vollfrühling halten sich die meisten Milben zur Fortpflanzung in der gedeckelten Brut auf. Nach 22 Tagen ist sämtliche Brut geschlüpft und die geschlüpfte Königin hat

erst mit der Eiablage begonnen. Nun hat man sechs Tage Zeit, die Honigbienen mit Oxal- oder Milchsäure zu besprühen.
Alternativ bildet man den Ableger als Kunstschwarm und besprüht sofort mit Oxal- oder Milchsäure. Will man auf Medikamente verzichten, gibt man wie bei der Vorwegnahme des Schwarms weder ausgebaute Waben noch Mittelwände hinzu, sondern schlägt die Bienen auf Baurahmen ein.

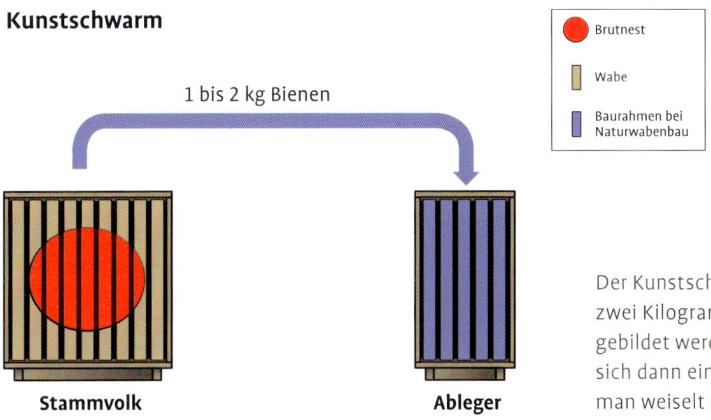

Der Kunstschwarm kann aus ein bis zwei Kilogramm Bienen und der Königin gebildet werden. Das Stammvolk zieht sich dann eine neue Königin heran oder man weiselt eine andere ein.

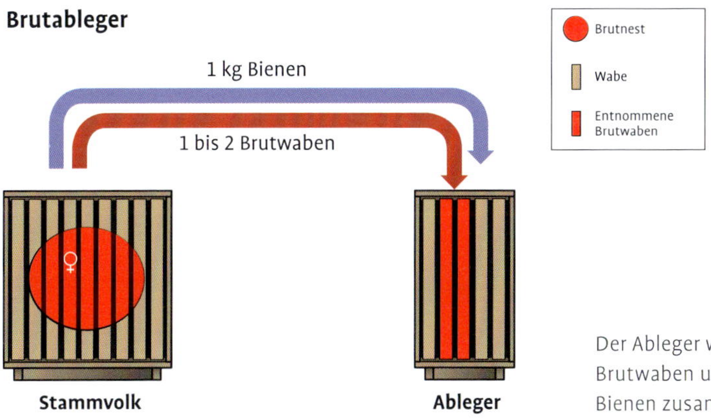

Der Ableger wird aus ein bis zwei Brutwaben und ein bis zwei Kilogramm Bienen zusammengestellt.

AMERIKANISCHE FAULBRUT

Die Amerikanische Faulbrut wurde bei uns früher auch „Bösartige Faulbrut“ genannt, bevor man den international üblichen Begriff wählte. Sie ist in der gesamten EU anzeigepflichtig. Ihre Bekämpfung erfolgt nach Anweisung der zuständigen Veterinärbehörde.

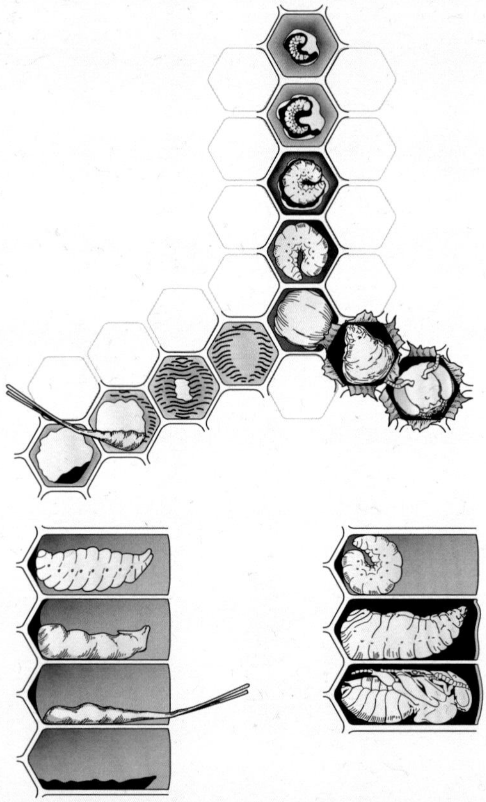

Die typischen klinischen Symptome für AFB sind der fadenziehende Schleim und der fest mit der Zellwand verbundene Schorf.

AUFFÄLLIGKEITEN VOR DEM VOLK

- Bei fortgeschrittener Krankheit ist der Flugbetrieb schwach.
- Selten tritt ein Geruch nach Fußschweiß oder Knochenleim auf.

SYMPTOME IM VOLK

- Lückige Brutflächen sollten näher inspiziert werden.
- In nicht geschlüpften Zellen kann die Brut tot sein.
- Folgende verändere Zelldeckel sind verdächtig:
  - eingesunken,
  - verfärbt,
  - teilweise löchrig.

Folgender Zellinhalt erhärtet den Verdacht:
  - Brut zersetzt und schleimig,
  - hell- bis kaffeebraune Masse,
  - fadenziehend (sichtbar bei Streichholztest),
  - Geruch nach Fußschweiß (tritt selten auf),
  - zu Schorf eingetrocknet, fest mit der unteren Zellrinne verbunden, vorderer Rand oft von den Bienen abgenagt.

URSACHEN

- Die Bakterie *Paenibacillus larvae* (früher *Bacillus larvae, Paenibacillus larvae larvae*).
- Vier Genotypen treten auf:
  - Eric I (häufigste, klassische Form): tötet Brut nach dem Verdeckeln.
  - Eric II (selten): tötet Brut vor dem Verdeckeln.
  - Eric III und IV (bisher nicht in Bienenvölkern nachgewiesen).
- Die Diagnose erfolgt im Labor mikrobiologisch, mit PCR oder Maldi-Tof.
- Frühdiagnose ist möglich mit:
  - Futterkranzprobe wegen der möglichen falschen negativen Ergebnisse nur außerhalb der Trachtzeit und Fütterung.
  - Gemüllprobe im Winter.

VERWECHSLUNG

- Lückige Brut tritt auch auf bei:
  - allen anderen Brutkrankheiten,
  - geringer Legeleistung der Königin,
  - verfälschtem Wachs,
  - hohen Rückständen im Wachs.
- Europäische Faulbrut zeigt sich ebenfalls an:
  - verfärbten und löchrigen Zelldeckeln,
  - nur am Anfang leicht fadenziehend.

AUSBREITUNG

- Im Bienenvolk:
  - vegetative Form nicht infektiös,
  - Sporen als Dauerform hochinfektiös,
  - Sporen gelangen über das Putzen (Hygieneverhalten) in das Futter,
  - über Larvenfutter.
- Zwischen Bienenvölkern über:
  - Flugbienen (z. B. Verflug),
  - kontaminierte Waben, Futter, Beuten und Geräte (dort sind die Sporen über Jahrzehnte ansteckungsfähig),
  - Verstellen von Bienenvölkern bei Verkauf und Wanderung.

BEKÄMPFUNG

- Selbstheilung im frühen Stadium ohne klinische Symptome möglich!
- Seuche gilt als ausgebrochen bei klinischen Symptomen.
- Nach Anweisung der Veterinärbehörde bekämpfen:
  - Volk abtöten oder Kunstschwarm bilden,
  - Geräte und Beuten desinfizieren,
  - Waben und Wachs desinfizieren oder vernichten,
  - alle Infektionsquellen auch in der Umgebung untersuchen.

VORBEUGUNG

- Sporen sind nicht in allen Bienenvölkern verbreitet.
- Bei gutem Putztrieb der Bienen (Hygieneverhalten) und geringem Infektionsdruck kommt es selten zum Ausbruch.
- Nur mit Gesundheitszeugnis wandern.
- Situation am Wanderplatz prüfen.
- Keine Völker ohne Gesundheitszeugnis kaufen.
- Nur eigenen Honig und Pollen an Bienen verfüttern.
- Keine Waben zukaufen.
- Gebrauchte Geräte und Beuten desinfizieren.

Der Schorf ist so fest mit der unteren Zellrinne verbunden, dass es den Bienen nur vorne gelingt, ihn zu entfernen.

Der Streichholztest eignet sich zur Untersuchung im Feld. Auch wenn es Fäden zieht, erübrigt sich nicht der Nachweis des Erregers im Labor.

FRÜHSOMMER

Kurz und bündig

- Diese Jahreszeit beginnt mit der Blüte des Holunders ➜ links.
- Schwarmstimmung hält weiter an und nimmt nur langsam ab.
- Drohnenzellen werden kaum noch bestiftet.
- Die erste Honigernte steht an und der zweite Honigraum wird aufgesetzt.
- In manchen Regionen gibt es Robinienhonig im Überfluss.
- In Wäldern kann es abhängig von der Lauspopulation Honigtau von der Fichte geben.

FRÜHSOMMER: HONIG AUS ROBINIE, KASTANIE UND FICHTE

Im phänologischen Kalender zeigt die Blüte des Schwarzen Holunders und der Robinie den Beginn des Frühsommers an. Das kann bereits Ende Mai oder erst im Juni sein und dauert im mehrjährigen Mittel bis Mitte Juni. Die Gräser beginnen zu blühen, haben aber für Bienen keine Bedeutung, da sie vom Wind bestäubt werden. Doch jetzt blühen auch Heckenrosen und vor allem in und an Feldern Margerite und Klatschmohn. Die Robinie (*Robinia pseudoacacia*), oft auch im Volksmund als Falsche Akazie oder Scheinakazie bezeichnet, wurde vor 300 Jahren aus Nordamerika eingeführt, während die echte Akazie (*Acacia* spp.) aus Australien stammt. Beide Honige sind sehr ähnlich und dürfen laut Honigverordnung beide als „Akazienhonig" bezeichnet werden. Am Ende des Frühsommers bringt in manchen Regionen die Edelkastanie (*Castanea sativa*) eine weitere wichtige Ernte. Sie darf nicht mit der weit verbreiteten Rosskastanie (*Aesculus* spec.) verwechselt werden, die bereits im Vollfrühling blüht und für die Bienen zwar wichtig ist, aber keinen schleuderbaren Honig bringt. In Waldgebieten kann es bei gutem Lausbesatz und warmer Witterung bereits jetzt zum „Honigen" der Fichten kommen. Die Läuse spritzen dabei die überflüssigen Kohlenhydrate aus den Baumsäften (Phloemsäfte) ab. Diese werden gierig von Ameisen, Wespen und auch Bienen aufgenommen. Wo jetzt keine Läuse sind, werden auch keine mehr bis zum Spätsommer kommen. Dies gilt auch für die Weißtanne, auf die man im Bayerischen Wald und Schwarzwald wartet. Aber auch ein guter Besatz kann bei ungünstigerer Witterung wie Regen und kühlen Nächten ebenfalls nichts bringen. In manchen Gebieten und Jahren kann dieser Waldhonig die Haupternte des Jahres sein.

Die Honigbienen fliegen nun in den Fichtenwald, um Honigtau zu sammeln, den die Fichtenrindenlaus aus den Leitungsbahnen der Bäume gesogen hat.

Foto: J. Schwenkel

TRACHTPFLANZEN

WILDPFLANZEN

Bärlauch (*Allium ursinum*): 20 bis 30 cm hohe krautige Pflanze in Wäldern und häufig in Auenbereichen (N3/P2).

Bergahorn (*Acer pseudoplatanus*): Baum in Park und Forst (N4/P2).

Die folgenden Pflanzen werden mit Werten für Nektar (N) und Pollen (P) angegeben:
1 = gering
2 = mittel
3 = gut
4 = sehr gut.

Seit dem → Vollfrühling blüht noch:

- **Eberesche/Vogelbeere** (N2/P2).
- **Goldregen** (*Laburnum anagyroides*) (N1/P2).
- **Himbeere** (*Rubus idaeus*) (N4/P3).
- **Wiesenschaumkraut** (*Cardamine pratensis*) (N2/P2).

Edelkastanie (*Castanea sativa*): Baum in Mischwald und Parkanlagen (N3/P3).

Holunder (*Sambucus nigra*): Strauch oder Baum in Wäldern (N2/P2).

Mohn (*Papaver rhoeas*): 20 bis 90 cm hohe Pflanze auf Wiesen und Äckern (N0/P3).

Robine (*Robinia pseudoacacia*): Baum an Straßen und bei rekultivierten Flächen (N4/P2).

Traubenkirsche (*Prunus padus*): Strauch in Auenwäldern und an Wasserläufen (N1/P1).

Echter Thymian (*Thymus* spp.): Halbstrauch auf Wiesen, in lichten Wäldern und im Garten (N3/P2).

NUTZPFLANZEN

Kulturapfel, spätreifender (*Malus domestica*): Baum in Garten und Kulturen (N4/P4).

Quitte (*Cidonia oblonga*): Strauch oder Baum in Garten und Kulturen (N1/P1).

Seit dem ➔ Erstfrühling blüht noch:
- **Rote Johannisbeere** (*Ribes* spp.) (N2/P2).

Ackerbohne, Saubohne (*Vicia faba*): Krautige Pflanze auf Äckern und im Garten (N2/P2).

VORGÄNGE IM BIENENVOLK

Das Jungvolk mit der alten Königin kommt wegen des anhaltenden Trachtangebots schnell in Fahrt.

DAS JUNGVOLK ENTWICKELT SICH

Der eingetragene Nektar dient zunächst vor allem dem Bau von Waben, aber wird immer mehr als Futtervorrat für trachtlose Zeit, insbesondere den Winter eingelagert. Auch das Altvolk mit der Jungkönigin hat sich von der längeren Unterbrechung der Brutaufzucht erholt. Bis zur nahen Sommersonnenwende am Ende des Frühsommers oder zu Beginn des Hochsommers hat der Bien seinen Scheitelpunkt erreicht.

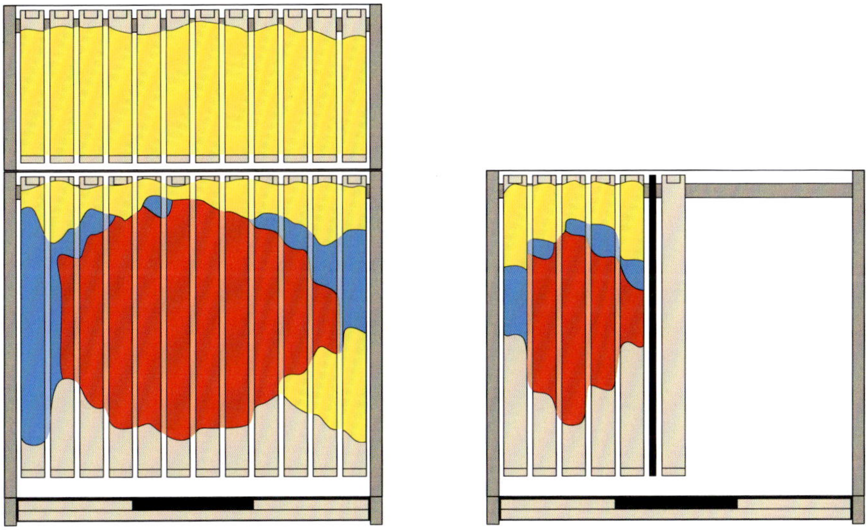

Bienenvolk im Dadant-Brutraum. Rot = Brut, gelb = Honig, blau = Pollen (rechts Jungvolk).

Das sollte man wissen

- Nach der Blüte des Schwarzen Holunders können Völker immer noch in Schwarmstimmung kommen.
- Mit der Sonnenwende erreicht der Bien den Höhepunkt der Aufzucht von Brut.
- Varroamilben und mit Viren infizierte Bienen nehmen rasant zu.
- Mehr Milben reproduzieren sich jetzt auch in der Arbeiterinnenbrut.
- Symptome von Brutkrankheiten werden im Nest deutlich sichtbar.
- Im Nest vermehrt sich *Nosema apis* nicht mehr, aber *Nosema ceranae* sehr gut.
- Eventuell vorhandene Kleine Beutenkäfer legen in geschützten Nischen ihre Eier ab (bei uns noch nicht gefunden).

DAS IST ZU TUN

VÖLKER BEARBEITEN

- Das Brutnest sollte man möglichst unverändert lassen.
- Die Brutwaben auf Entwicklung und Krankheiten kontrollieren.
- Rechtzeitig Honigwaben ernten, damit das Brutnest nicht „verhonigt“.

FUTTERVERSORGUNG BEACHTEN

Dort, wo der Honig geerntet wurde und die Tracht zu Ende ist, muss man auf eine gute Versorgung mit Futter achten, denn diese ist für die Gesundheit der Bienen wichtig.

- Der Bien braucht eine gute Ernährung mit Pollen und Nektar.
- Oberhalb der Brutflächen sollte ein Futterkranz zur direkten Versorgung der Brut vorhanden sein.
- Die Larven müssen im Futter schwimmen, da sie sonst als Adulte anfällig für Krankheiten werden.

SCHWARMTRIEB KONTROLLIEREN

- Bautätigkeit in Baurahmen prüfen.
- Die Brutwaben auf Schwarmzellen untersuchen.

SCHWARM VORWEGNEHMEN

Volk in Brut- und Flugling teilen und Brutpause nutzen ➜ S. 82.

- Flugling mit Altkönigin und Baurahmen.
- Brutling mit Weiselzelle oder unbegatteter Jungkönigin.
- Eventuell weitere Brutlinge bilden.

VÖLKER VERMEHREN

Die Völker können auf verschiedene Weise vermehrt werden.

- Den Schwarm fangen oder anlocken ➜ Vermehrung von Honigbienenvölkern, S. 80.
- Den Schwarm vorwegnehmen durch Brut- und Flugling.
- Zusätzliche Ableger und Jungvölker bilden.
- Für weitere Trachten Zwischenableger bilden.

ARBEITEN AM BIENENVOLK

Mit der Kirschblüte kam meistens der erste Honigraum aufs Volk. Nun kann Zeit für den zweiten sein.

ZWEITEN HONIGRAUM AUFSETZEN

Allerdings macht dies nur Sinn, wenn der erste Honigraum gut angefüllt und die ersten Honigwaben bereits verdeckelt sind. Am besten stattet man ihn wieder mit drei ausgebauten Waben in der Mitte und Mittelwänden außen aus. Wird der neue Honigraum nicht angenommen, also nichts eingetragen, war man zu früh dran und entfernt ihn besser wieder. So kommt man schneller zur Ernte des ersten Raums.

FRÜHTRACHT ERNTEN

Wer die Frühtracht von Wiesenblumen, Obstbäumen und vor allem Raps nutzen konnte, wird nun zum ersten Mal Honig ernten. Man kann dazu die Waben des Honigraums abklopfen oder abfegen. Abkehrkästen beschleunigen den ganzen Vorgang wesentlich. Wir benutzen seit einiger Zeit Bienenfluchten und haben damit sehr gute Erfahrung gemacht → Alles um Honig und andere Bienenprodukte, S. 124. Dies funktioniert aber nur ohne Probleme, wenn man vorher Honig- und Brutraum mit einem Absperrgitter getrennt hat. Nur dann befindet sich die Königin sicher nicht im Honigraum. Über die Bienenfluchten können die Bienen zwar aus dem Honigraum raus, aber nicht in ihn zurückgelangen. Innerhalb weniger Stunden ist dieser nahezu bienenleer. Wenn man lange genug wartet, kann man den Honigraum abnehmen, ohne das Volk zu öffnen. Wenn weiter Tracht herrscht und man eine zweite Ernte erwartet, kann man die Honigwaben gleich gegen leere austauschen. Sonst muss die Ernte zügig ablaufen, damit die ausgeschleuderten Waben schnell wiedereingesetzt werden können.

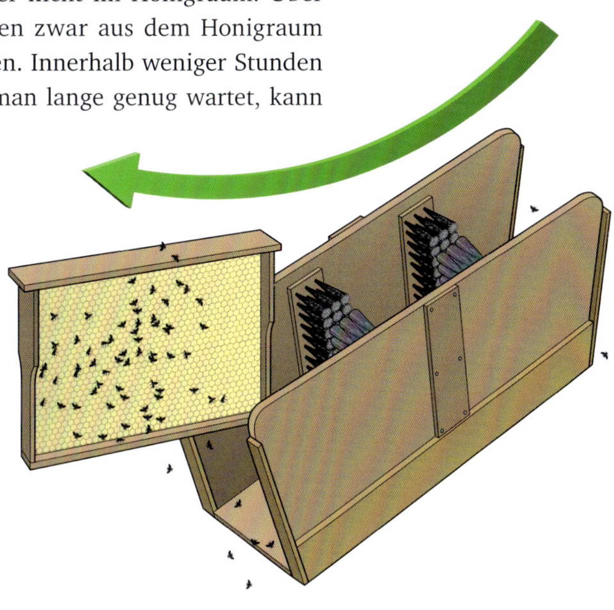

Die Honigbienen können leicht in einem Kasten mit Doppelbesen von den Honigwaben abgekehrt werden.

BEI HONIGWABEN HYGIENE BEACHTEN

Mit der Entnahme der Honigwaben gelangt der Honig aus der Obhut der Bienen in die der Imker*innen. Nun ist Hygiene oberstes Gebot. Deshalb darf der Honigraum nicht einfach auf den Boden gestellt werden, sondern immer auf eine Unterlage, wie z. B. den Deckel. Auch später bei der Lagerung der Waben sind besondere Maßnahmen für die Hygiene zu treffen ➜ Honig ernten und verarbeiten, S. 124.

Während der Honigernte kommt es schnell zur Räuberei, deshalb müssen alle Waben und auch das Volk immer abgedeckt sein.

RÄUBEREI BEI DER ERNTE VERMEIDEN

Bei der Honigernte sind die Völker besonders lange geöffnet. Suchbienen können leicht in die Völker, aber auch auf ungeschützte Honigwaben gelangen. Der Geruch nach frischem Honig ist für die Bienen natürlich besonders attraktiv, deshalb müssen die Waben zügig entnommen werden. Grundsätzlich muss man die entnommenen Waben vor zufliegenden, fremden Bienen schützen. Am besten deckt man das Volk und die Honigzarge mit einem Deckel oder Tüchern ab.

Aber auch beim Ausschleudern der Waben ist Vorsicht geboten, auch hier kann man in nicht bienendichten Räumen oder bei offen ausgelegtem Entdeckelungsgeschirr und Sieben schnell Räuberei auslösen. Besonders kritisch ist das Zurückhängen der ausgeschleuderten Waben, da die honigfeuchten Waben besonders stark riechen. Am besten lässt man nach der letzten Tracht die Waben in besonders starken Völker ausschlecken. Wenn es trotz aller Vorsichtsmaßnahmen unruhig wird, sollte man nicht hektisch werden, sondern die Arbeit möglichst bald abschließen und lieber am nächsten Tag weiterarbeiten.

ARBEITEN BEI SCHWARM UND WANDERUNG ERLEDIGEN

Für die Imker*innen ist der Frühsommer noch mit viel Arbeit verbunden, bevor der Bien im Hochsommer zur Zeit der Sonnenwende den Höhepunkt seines Wachstums erreicht. Damit kein Schwarm unkontrolliert abgeht bzw. man ihn rechtzeitig vorwegnehmen kann, muss man den Bien weiter im 7- bis 9-tägigen Rhythmus kontrollieren → Schwarm vorwegnehmen, S. 82. Sehr arbeitsintensiv ist auch die Wanderung. In Frühtrachtgebieten ist sie schon vorbei, während sie dort, wo man vor allem von Robinie, Edelkastanie und Fichte eine Tracht erwartet, bereits im Gange ist oder kurz bevor steht.

KÖNIGIN ZUSETZEN

Im Frühsommer ist die Zeit, in der man die alte Königin gegen eine neue austauschen kann. Manche belassen in den Völkern grundsätzlich nur Königinnen, die nicht älter als zwei Jahre sind. So kann man z.B. den Schwarmtrieb senken und die Legeleistung erhöhen. Wir greifen nur bei Problemen in den natürlichen Ablauf ein, da wir grundsätzlich den Schwarm vorwegnehmen und auf diese Weise verjüngen → Naturgemäße Imkerei, S. 60.

Einige Vorbereitung ist notwendig, wenn eine Königin in ein neues Volk eingeweiselt werden soll. Das Volk bzw. der Ableger sollten fünf, besser sieben Tage weisellos sein. Nachschaffungszellen werden unbedingt vorher ausgebrochen. Auf jeden Fall darf das Volk nicht zu lange weisellos gewesen sein und sogar schon eierlegende Arbeiterinnen (Afterweiseln) aufweisen.

Eine zugekaufte Königin kann mit und ohne Begleitbienen zugesetzt werden. Allerdings sollte sich das Volk erst ein bis zwei Tage an die „Neue“ gewöhnen, bis man sie mit einem Futterverschluss frei gibt. Aber auch den kann man so wählen, dass es einige Tage braucht, bis sich die Bienen durchgefressen haben. Begattete Königinnen werden vom Volk eher angenommen als unbegattete. Dagegen nehmen Kunstschwärme mit überwiegend jungen Bienen auch unbegattete Königinnen leicht an.

Schlupfreife Weiselzellen können dagegen nur in maximal einen Tag lang in weisellose Ableger gegeben werden.

Um sicherzugehen, dass die neue Königin nicht abgestochen wird, gibt man auf die Öffnung des Käfigs einen Futterpfropfen. Bis die Arbeiterinnen diesen entfernt haben, hat die Königin bereits den Stockgeruch angenommen.

GESUNDHEITSÜBERWACHUNG

BIENENFLUG BEOBACHTEN

- Regelmäßig Bienenflug, Sammeln von Pollen und Nektar beobachten.

TOTENFALL VOR NESTEINGANG ÜBERWACHEN

- Sommerbienen werden jetzt maximal sechs Wochen alt.
- Bei bis zu 100 toten Bienen vor dem Flugloch ist alles in Ordnung.
- Nach Schlechtwetterperioden können es auch mehr sein.
- Viele Tote weisen auf Krankheiten hin → Nosemose, S. 64 oder Vergiftungen, S. 184.
- Missgebildete Bienen weisen auf eine hohe Varroa-Virus-Infektion hin.

KRABBLERN UND HÜPFENDEN BIENEN NACHFORSCHEN

Viele am Boden krabbelnde oder hüpfende Bienen können auf folgende Ursachen haben (siehe jeweils dort):

- Nosemose (*N. ceranae*)
- Maikrankheit
- Vergiftung

VERDACHT AUF VERGIFTUNG ÜBERPRÜFEN

Bei akuten Vergiftungen kommt es zu auffälligen Erscheinungen:

- Viele bis massenhaft tote Bienen.
- Kämpfe am Flugloch.
- Schwarze (nasse) Bienen.
- Bienen mit ausgestrecktem Rüssel.
- Hoher Verlust an Flugbienen (Kahlfliegen).

AMERIKANISCHE FAULBRUT ERKENNEN

Nur von den brutpflegenden Bienen verwendetes Futter kann mit Sporen des Erregers der Amerikanischen Faulbrut kontaminiert sein:

- Futter von Futterkranz um gedeckelte Brut für Diagnose von Amerikanischer Faulbrut entnehmen und an Untersuchungsstelle senden. Bei starker Tracht kommt es allerdings zu einem Verdünnungseffekt. Auch wenn keine Sporen gefunden werden, kann ein Ausbruch der Amerikanischen Faulbrut vorliegen.
- Brutwaben können auf Symptome der Amerikanischen Faulbrut untersucht werden → Amerikanische Faulbrut, S. 86.

AUF VERÄNDERTE BRUT ACHTEN

Beim Blick in das Brutnest sollte man sich die Brut genau ansehen:

- Auf lückige Brutflächen achten.
- Veränderungen am Zelldeckel und in der Brutzelle überprüfen.
- Bei Verdacht Streichholzprobe durchführen.
- Fadenziehende braune Masse deutet auf Ausbruch der Amerikanischen Faulbrut hin und ist bei der Veterinärbehörde anzuzeigen.
- Befall der Brut mit Varroamilben bestimmen.

MASSNAHMEN DER GESUNDERHALTUNG

VARROABEHANDLUNG

- Drohnenzellen werden zwar weniger bestiftet, aber man kann weiter Baurahmen zum Drohnenbrut ausschneiden, ans Brutnest hängen und vor dem Schlupf entnehmen.
- Bei Naturwabenbau die Drohnenbrut mit der Entdeckelungsgabel entfernen.
- Zur Reduktion des Milbenbefalls Brutwaben entnehmen.
- Bei hohem Befall und missgebildeten Honigbienen Brutwaben im Kunstschwarm behandeln.
- Vollständige Brutentnahme.

In Frühtrachtgebieten kann man schon kurz vor oder während der Tracht sämtliche Brut entnehmen. Besser wartet man aber bis zum Hochsommer.

Solche Brutwaben vernichtet man in der Regel nur ungern. Aber die aus stark befallenen Zellen schlüpfenden Bienen sind geschädigt und leben nur kurze Zeit.

ZUR BEKÄMPFUNG DER VARROOSE BRUT VOLLSTÄNDIG ENTNEHMEN

Auf jeden Fall sollte die Maßnahme bis in den Spätsommer abgeschlossen sein, wenn die Winterbienen aufgezogen werden. Dazu wird das Volk in Flugling und Brutling aufgeteilt. Das brutfreie Volk, der Flugling, verbleibt am alten Standplatz und kann dort mit Milchsäure oder Oxalsäure besprüht werden. Der Brutling wird neben den Brutling oder in drei Kilometer Entfernung aufgestellt. Sobald sämtliche Brut geschlüpft ist, müssen die Honigbienen ebenfalls mit Oxal- oder Milchsäure besprüht werden. Anschließend kann man beide vereinigen oder man lässt den Brutling eine Königin aufziehen. Zu stark befalle Brutwaben werden besser vernichtet.

ARBEITEN AM BIENENSTAND

Am Bienenstand oder zu Hause steht alles im Zeichen der Honigernte. Hier muss man besonders auf Hygiene achten und Räuberei durch die Bienen vermeiden.

HONIG ERNTEN UND VERARBEITEN

Wenn die Honigwaben zwischengelagert werden, sollten die Räume hygienisch einwandfrei und frei von Fremdgerüchen sein. Die Garage eignet sich nur, wenn darin nicht auch Benzin oder Öl gelagert werden. Am besten schleudert man die noch „nestwarmen" Waben schon bald nach der Entnahme aus. So ist der Ertrag am höchsten und Aufwand am geringsten. Dort, wo der Kleine Beutenkäfer verbreitet ist (in Deutschland noch nicht nachgewiesen), wird man besonders die Wabenlager im Auge behalten, denn der Käfer kann den Honig durch Fermentieren zerstören ➜ Kleiner Beutenkäfer, S. 200. Um Schäden durch den Käfer zu vermeiden, sollte man die Waben möglichst direkt nach der Abnahme, spätestens am nächsten Tag, ausschleudern. Größere Betriebe werden die Waben in Kühlräumen (unter 10 °C) lagern. Besser eignen sich Räume mit einer relativen Luftfeuchtigkeit unter 50 %, da der energetische und apparative Aufwand geringer ist.

ARBEITEN IM BIENENGARTEN

Die Wärme am Bienenstand kann trügen, denn noch kann es zu der von Schäfern und auch Gärtnern gefürchteten Schafskälte kommen. Sie tritt auch heute noch mit großer Wahrscheinlichkeit am Ende des Frühsommers um Mitte Juni ein. Wie ihr Name sagt, kann sie den frisch geschorenen Schafen schaden. Im Garten sind junge Pflanzen gefährdet. Danach kann man ein- und zweijährige Sommerblumen aussähen. Die Zweijährigen werden sich noch zu kräftigen Pflanzen entwickeln und im nächsten Jahr blühen.

Von Weiden kann man jetzt reifen Samen gewinnen und innerhalb von ein bis zwei Wochen aussäen. Nach einem Jahr wachsen daraus bis zu 50 cm hohe Pflanzen. Besonders die Salweide (*Salix caprea*) gehört zu den ersten frühen Pollen- und Nektarspendern und ist daher für die Gesundheit des Biens von großer Bedeutung. Sie ist wie alle Weiden zweihäusig, also getrennt geschlechtlich. Nur die männlichen Weiden sind Pollenspender, weshalb sie bevorzugt, aber nicht ausschließlich vermehrt werden sollten. Das gelingt bei der Salweide deutlich schwerer als bei anderen Weiden über Stecklinge. Zudem entstehen hieraus meist weibliche Pflanzen. Deshalb sind die Samen so wichtig. Die Salweide stellt als Pionierpflanze keine besonderen Anforderungen und gedeiht an sonnigen bis halbschattigen Plätzen sogar auf steinigen Unterlagen. Sie benötigt also nicht wie die anderen das feuchte Ufer eines Gewässers.

Weiden kann man gut über Stecklinge vermehren und, nachdem sie in Wasser Wurzeln gezogen haben, einpflanzen.

SELEKTION UND ZUCHT IN DER IMKEREI

Die Frage nach der besten Biene ist für viele Imker*innen eine der wichtigsten Entscheidungen in der Haltung von Honigbienen.

DIE „BESTE“ BIENE AUSWÄHLEN

Besonders wegen der kritischen Einstellung des Naturschutzes gegenüber der in Deutschland verbreiteten Carnica stellen sich heute viele die Frage, ob man nicht zur ursprünglich bei uns heimischen Dunklen Biene, *Apis mellifera mellifera*, zurückkehren sollte. Bis in die 1950er-Jahre war sie bei uns überwiegend verbreitet. Sie fühlte sich aufgrund ihrer Entwicklung im Laufe des Jahres auf kleinen Waben und in kleinen Beuten sehr wohl. Wie man immer wieder von alten Imkern hört, muss sie sehr wehrhaft, wenn nicht sogar aggressiv gewesen sein.

Der Teil des Gartens mit den Bienenvölkern war meist eine „No-go-Zone“. Erst mit der Einführung der Carnica aus Niederösterreich kehrte dort mehr und mehr Ruhe ein. Die meisten können inzwischen bei der Arbeit an den Bienenvölkern auf den Schleier verzichten, was nicht heißt, dass es nicht auch bei der Carnica „Stechteufel“ geben kann.

Man muss aber klar zwischen Aggressivität und Wehrhaftigkeit unterscheiden. Bei der heutigen Siedlungsdichte darf ein Bien vorbeigehende Fußgänger nicht attackieren, sich aber beim Öffnen seines Nestes durchaus gegen den Eindringling wehren. Das gehört einfach zum natürlichen Verhalten und Selbsterhaltungstrieb des Biens, auch wenn es manchmal wehtut. Weshalb aus unserer Sicht ein Schleier zur Ausrüstung gehört und zumindest immer in Griffweite sein sollte.

Am Ende war die heimische Mellifera wohl wenig gepflegt und deshalb nicht besonders beliebt. Vielleicht hätte man trotzdem mit ihr noch etwas machen können, was Beispiele nicht nur aus der Schweiz zeigen. Aber es gab noch einen anderen Grund, sich von der Mellifera abzuwenden. Unter dem Eindruck der damals hohen Verluste wegen der Acarapisose suchte Bruder Adam in England nach einem Ersatz und „kreierte“ aus vielen verschiedenen Herkünften die Buckfastbiene. Inwieweit dieser Hybrid, der zudem ganz auf hohe Leistung getrimmt ist, den heutigen Anforderungen gerecht werden kann, wird inzwischen auch bei manchen anderen Zuchtlinien in Frage gestellt.

Die Carnica (*Apis mellifera carnica*) erkennt man leicht an den grauen Filzbinden am Hinterleib.

Bei dem Hybriden Buckfast-Biene zeigen sich häufiger gelbe Filzbinden, die auf den Einfluss der *Apis mellifera ligustica* zurückzuführen sind.

Wir wollen uns aber nicht in diese oft überhitzte „Bienenrassen-Diskussion" einmischen. Wie immer gibt es Vor- und Nachteile. Auch der Weg zurück zu der alten Biene, wie es manche fordern, ist umstritten und muss nicht erfolgreich sein, denn die Nahrungsressourcen, Jahresabläufe und Nistmöglichkeiten haben sich grundlegend geändert. Zu einer naturgemäßen Imkerei gehört es, die jetzt heimischen Bienen zumindest in der Fläche zu schützen und zu stärken.

KEINE EXPERIMENTE WAGEN

Auf der Suche nach der besten Biene schauen viele Imker*innen gerne über den Zaun und besser noch über die Grenzen. Da kommt nicht selten beim Besuch auswärtiger Imkereien der Wunsch auf, zu Hause auch so eine tolle Biene haben zu wollen. Der Import wird dann in der Hosentasche illegal vollzogen. Die Enttäuschung ist dann meist groß, wenn die in der Ferne so erfolgreiche Linie zu Hause ganz und gar versagt. Besonders bei der Varroatoleranz gab es da in den letzten Jahrzehnten einige Überraschungen.

Wir wissen heute, dass nicht nur die Genetik, sondern auch der Standort mitentscheidend für das Wohl und Wehe des Biens ist. Ohne Frage ist die an den Standort angepasste Biene meist auch die beste, denn nur dort ist sie unter den herrschenden Bedingungen einem ständigen Selektionsprozess ausgesetzt. Sie muss sich also immer wieder neu beweisen. Doch nur noch wenige Standorte bieten heute dafür gute Voraussetzungen.

Die vielen züchterischen Eingriffe des Menschen und die große Mobilität der Bienenvölker bei Wanderungen beeinflussen diesen

Prozess permanent. Deshalb hat man auch nur selten Erfolg, wenn man Bienenvölker unbehandelt lässt, damit sich eine varroatolerante Bienenlinie daraus selektiert. Dieser natürliche Prozess funktioniert nur auf abgeschlossenen Ständen, wenn sich im Umkreis alle Völker an dieser Selektion beteiligen. Man darf aber nicht vergessen, dass solche Experimente immer mit extrem hohen Verlusten am Anfang, oft sogar aller Bienenvölker verbunden sind.

KÖNIGIN KAUFEN ODER SELBST ZÜCHTEN

Am Ende entscheiden sich viele dann doch für eine Königin aus der Zucht. Vor allem, wenn deren angepriesene Vorzüge den eigenen Wünschen entsprechen. Trotzdem muss auch sie sich erst am neuen Standort bewähren. Bei unbegatteten Königinnen oder wenn man von auswärts Larven als Zuchtstoff holt, haben die Drohnen in der Nähe des Standortes noch einen Einfluss auf die Eigenschaften des Biens.

Hat man sich dafür entschieden, eine eigene Zucht zu betreiben, so kann man dies selbst oder mit anderen zusammen machen. Für die Weiterzucht sucht man ein Volk aus, das durch bestimmte Merkmale aufgefallen ist. Auswahlkriterien können Sanftmut, Wabensitz, Neigung zum Schwärmen und Leistung sein. Die einzelnen Merkmale werden unterschiedlich bewertet und sind auch nicht unbestritten. Ohne Frage ist aber die Widerstandskraft gegen Krankheiten und hier vor allem gegen die Varroa-Virus-Infektion eine wesentliche, wenn nicht die wichtigste Eigenschaft.

Die eigentliche Zucht läuft im Prinzip in folgenden Schritten ab: Sobald Drohnen vorhanden und die Völker stark genug für die Pflege von Weiselzellen sind, kann man mit der Zucht beginnen. Aus dem ausgewählten Volk werden einen Tag alte Larven in Weiselnäpfchen umgelarvt und diese in Zuchtrahmen in Pflegevölker gegeben. Da diese weder über eine Königin noch offene Brut verfügen, nehmen sie die meisten Weiselnäpfchen an. Nach fünf Tagen sind diese verdeckelt. Nach weiteren fünf Tagen können die Weiselzellen in andere Völker gegeben werden. Man kann sie auch mit einem Schlupfkäfig vor dem Zugriff anderer Königinnen schützen und nach zwei weiteren Tagen die Jungköniginnen in andere Völker geben. Dies können Ableger sein, die aus mindestens 10 000 Bienen mit oder ohne Brutwaben gebildet wurden → Vermehrung von Honigbienenvölkern, S. 80.

Geht eine Königin verloren, zieht der Bien aus bis zu drei Tage alten Arbeiterlarven Königinnen nach. Je älter diese Brut bereits ist, umso kürzer wird sie mit dem speziellen Futter für Königinnen versorgt, weshalb solche Königinnen oft als weniger „wertvoll“ ausgesondert werden.

Selbst wer nicht aktiv Zucht betreibt, kann in den kleinen Begattungskästchen Königinnen als Reserve für den Notfall aufbewahren.

STANDBEGATTUNG ODER KÜNSTLICHE ZUCHT VORZIEHEN

Schon bald fliegt die Königin aus, um auf in drei bis fünf Kilometer entfernten Drohnensammelplätzen begattet zu werden. Bei Standbegattungen ist die Auswahl zufällig und hängt von den Bienenvölkern im Umkreis von bis zu 5 km ab.

Die Königinnen können aber auch in Begattungskästchen auf Belegstellen aufgestellt werden. Dies sind weitgehend bienenfreie Areale, in denen nur ausgewählte Völker, die sogenannten Vatervölker, Drohnen für die Begattung liefern. Die Auswahl ist umso sicherer, je abgeschlossener die Areale sind. Ideal sind daher Belegstellen auf Inseln oder im Hochgebirge.

Noch sicherer ist die Auswahl, wenn die Königinnen künstlich mit Sperma bekannter Herkunft besamt werden. Wie unnatürlich dieser Vorgang ist, wird daran deutlich, dass die besamte Königin erst nach einer Betäubung mit Kohlendioxid mit der Ablage von Eiern beginnt. In der ökologischen Imkerei wird dieser massive Eingriff jedoch in der Regel abgelehnt. Setzt man ganz auf eine natürliche Vermehrung, so lässt man den Bien selbst seine Königin nachziehen, wenn dieser still umweiselt.

Für die Völkervermehrung kann man ebenso die vom Bien aufgezogenen Schwarmzellen nutzen, indem man ihn in einen Flugling mit der Altkönigin und einen oder mehrere Brutlinge mit jeweils einer Schwarmzelle aufteilt ➜ Vermehrung von Honigbienenvölkern, S. 80. Damit überlässt man dem Bien die Auswahl der „besten Biene“. Denn auch bei der anschließenden Standbegattung wird mit dem Sperma von bis zu 15 Drohnen verschiedener Herkünfte eine ausreichende genetische Vielfalt geschaffen. Hierdurch hat der Bien eine größere Chance, sich an neue Situationen schneller anzupassen.

EUROPÄISCHE FAULBRUT

Die Europäische Faulbrut wurde bei uns früher als „Gutartige Faulbrut“ bezeichnet. Nur in wenigen Ländern, wie der Schweiz, ist sie anzeigepflichtig. Dort heißt sie „Sauerbrut“. Obwohl verschieden virulente Typen des Erregers der EFB nebeneinander vorkommen, tritt sie nicht in allen Regionen epidemieartig auf.

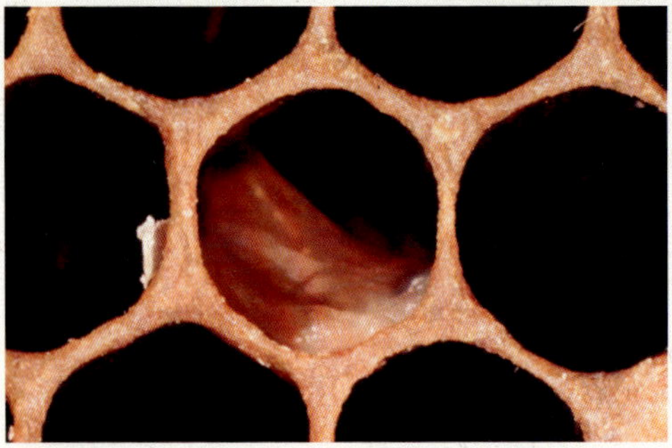

Bei Europäischer Faulbrut liegt die infizierte Larve häufig verdreht in der Zelle. Sie hat sich zu einer gelblichen, nicht fadenziehenden Masse zersetzt.

Bei der Europäischen Faulbrut liegt der Schorf im Gegensatz zur Amerikanischen Faulbrut locker in den Zellen und kann daher leicht entfernt werden. Dies gilt allerdings auch für die meisten anderen Brutkrankheiten.

AUFFÄLLIGKEITEN VOR DEM VOLK

- Bei fortgeschrittener Krankheit ist der Flugbetrieb schwach.
- Manchmal tritt ein säuerlicher Geruch auf.

SYMPTOME IM VOLK

- Lückige Brutflächen sollten näher inspiziert werden.
- Überwiegend ist offene Brut betroffen.
- Folgende veränderten Zelldeckel sind verdächtig:
  - teilweise löchrig und verfärbt.
- Zellinhalt:
  - Tracheen schimmern durch die Haut der Larve,
  - Brut zersetzt,
  - breiige gelbe bis dunkelbraune Masse,
  - nur im Anfangsstadium fadenziehend,
  - später nicht fadenziehend (Streichholztest),
  - Geruch manchmal säuerlich,
  - zu Schorf eingetrocknet, liegt locker in der unteren Zellrinne.

URSACHEN

- *Melissococcus plutonius* (früher auch *Streptococcus pluton*). Tritt in verschieden virulenten (krank machenden) Typen auf.
- Verschiedene begleitende Keime wie *Streptococcus faecalis* und *Paenibacillus alvei* verändern das Krankheitsbild.
- Die Diagnose erfolgt im Labor mikrobiologisch, mit PCR oder Maldi-Tof.
- Frühdiagnose ist möglich:
  - Futterkranzprobe außerhalb der Tracht und nicht von Winterfutter.

VERWECHSLUNG

- Lückige Brut tritt auch auf bei:
  - allen anderen Brutkrankheiten,
  - geringer Legeleistung der Königin,
  - verfälschtem Wachs,
  - hohen Rückständen im Wachs.
- Akute Bienenparalyse:
  - Varroamilbe überträgt ABP-Virus,
  - verdrehte Brut in offenen Zellen.
- Amerikanische Faulbrut:
  - verfärbte und löchrige Zelldeckel,
  - fadenziehend (sichtbar bei Streichholztest).

VORBEUGUNG

- Sporen nicht in allen Bienenvölkern verbreitet.
- Bei gutem Putztrieb der Bienen (Hygieneverhalten) und geringem Infektionsdruck kommt es selten zum Ausbruch.
- Putztrieb durch Tracht oder Futtergabe anregen.
- Nestgröße (Wabenzahl) der Bienenzahl anpassen.
- Keine Waben zukaufen.
- Nur eigenen Honig und Pollen verfüttern.
- Gebrauchte Geräte und Beuten desinfizieren.

AUSBREITUNG

- Im Bienenvolk:
  - Dauerform weniger widerstandsfähig als Sporen der Amerikanischen Faulbrut,
  - Dauerform gelangt über das Putzen (Hygieneverhalten) in das Futter,
  - über Larvenfutter.
- Zwischen Bienenvölkern über:
  - Flugbienen (z. B. Verflug),
  - kontaminierte Waben, Futter, Beuten und Geräte,
  - Verstellen von Bienenvölkern bei Verkauf und Wanderung.

BEKÄMPFUNG

- Selbstheilung im frühen Stadium ohne klinische Symptome möglich.
- Meist nur einzelne Völker betroffen.
- Epidemieartiges Auftreten in Deutschland bisher selten (Schweiz häufig).
- Bekämpfung nur bei starker Infektion (in der Schweiz nach Ausbruch auf Anweisung der Veterinärbehörde):
  - Kunstschwarmverfahren,
  - Geräte und Beuten desinfizieren,
  - Futter- und Brutwaben vernichten.

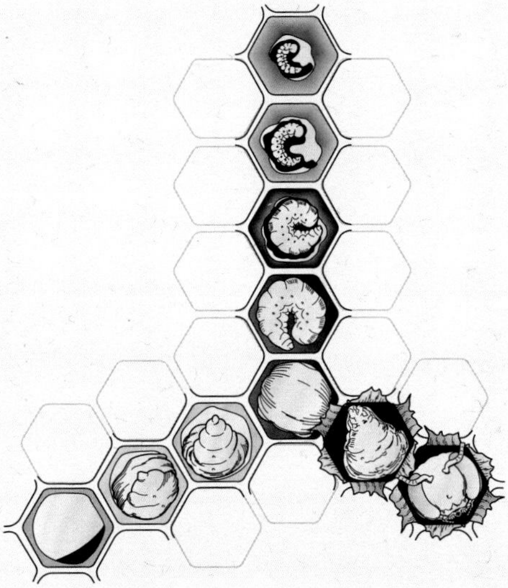

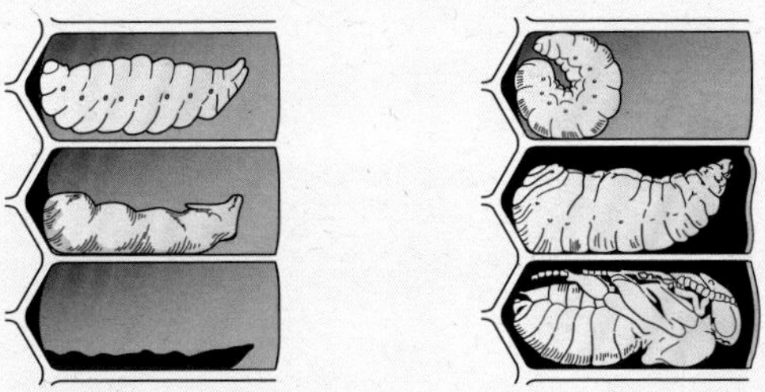

Die Entwicklungsstadien der Europäischen Faulbrut von der infizierten Streckmade bis zum Schorf. Normale Entwicklung auf der rechten Seite.

HOCHSOMMER

Kurz und bündig

- Diese Jahreszeit beginnt mit der Blüte der Sommerlinde → links.
- Die Drohnenschlacht hat begonnen.
- Die Aufzucht von Brut nimmt langsam ab.
- Bienen und Honig leiden unter Hitze.
- Die Fichten bringen je nach Lausbesatz noch Honigtau.
- Varroose mit Medikamenten oder vollständiger Brutentnahme bekämpfen.

HOCHSOMMER: VERÄNDERUNGEN MIT DER SOMMERSONNENWENDE

Phänologisch beginnt der Hochsommer mit der Blüte der Sommerlinde (*Tilia platyphyllos*). Die Blüte der Winterlinde (*Tilia cordata*) folgt etwa zwei Wochen später. Noch später und oft bis in den Spätsommer hinein blüht die Silberlinde (*Tilia tomentosa*). Die aus Südosteuropa stammende Silberlinde wird bei uns neben verschiedenen Hybriden häufig in Städten und Alleen gepflanzt, da sie weniger anspruchsvoll und resistenter gegen Pilzerkrankungen wie der Verticillium-Welke ist. Lindenhonig kann aus reinem Blütenhonig und Honigtau von der Lindenblattlaus bestehen. Der Hochsommer ist aber auch Erntezeit bei Früchten, so können Johannisbeeren und Süßkirschen gepflückt werden.

Am Anfang des Hochsommers steht kalendarisch mit der Sonnenwende ein wichtiges Ereignis in der Natur an. Je nach Jahr und Zeitzone findet sie am 20., 21. Juni oder 1. Juli statt. Mit der Sonnenwende wird die Zeit hin zu kürzeren Tagen eingeleitet, worauf nicht nur die Pflanzen, sondern auch die Bienen und die gesamte Natur reagieren.

Die eigentliche Sommertracht ist meistens gegen Ende des Hochsommers zu Ende. Vereinzelt findet man bereits das heimische Große Springkraut („Rühr-mich-nicht-an"), das vor allem von Hummeln beflogen wird. Viel häufiger tritt dagegen das Drüsige Springkraut auf. Dieser aus Indien eingeschleppte Neophyt wird bekämpft, da er heimische Pflanzen verdrängt und besonders im Gewässerschutz großen Schaden anrichtet. Obwohl es von vielen Imker*innen besonders im Spätsommer und Frühherbst als wichtige Trachtpflanze gesehen wird, ist sein Wert für Bienen umstritten.

Die Grüne Tannenhoniglaus (*Buchneria pectinatae*) saugt an den Siebröhren der Weißtanne und spritzt den überschüssigen Pflanzensaft ab, den die Honigbienen aufnehmen.

Foto: J. Schwenkel

Die Fichte hat bereits im Frühsommer oder erst jetzt begonnen „zu honigen". Schon jetzt oder erst im Spätsommer kann die Tanne hinzukommen. Dies hängt aber vom Besatz der Bäume mit den entsprechenden Läusen und den aktuellen klimatischen Verhältnissen ab → Frühsommer, S. 88.

Der Hochsommer dauert nach mehrjährigen Messungen des Deutschen Wetterdienstes im Durchschnitt von Mitte Juni bis Anfang August.

TRACHTPFLANZEN

WILDPFLANZEN

Die folgenden Pflanzen werden mit Werten für Nektar (N) und Pollen (P) angegeben:
1 = gering
2 = mittel
3 = gut
4 = sehr gut.

Brombeere (*Rubus fruticosus*): Strauch in Wäldern und Gärten (N3/P3).

Großes Springkraut oder **„Rühr-mich-nicht-an"** (*Impatiens noli-tangere*): Bis 70 cm hohe Pflanze in Auen und feuchten Wäldern (N2/P2).

Seit dem → Frühsommer blüht noch:
- **Holunder** (*Sambucus nigra*) (N2/P2)
- **Traubenkirsche** (*Prunus padus*) (N1/P1)
- **Echter Thymian** (*Thymus* spp.) (N3/P2)

Sommerlinde (*Tilia platyphyllos*): Baum in Mischwäldern und Parks sowie als „Dorflinde" mit beidseitig behaarten Blättern und 2 bis 3 Einzelblüten an der Dolde (N4/P1).

Winterlinde (*Tilia cordata*): Baum in Gärten, Parks und Wäldern mit nur an der Unterseite behaarten Blättern und 5 bis 11 Blüten an der Dolde (N4/P1).

Silberlinde (*Tilia tomentosa*) Baum an Straßen und in Parks mit silberweiß filzigen Blättern (N3/P1).

Drüsiges Springkraut (*Impatiens glandulifera*): 2 m hohe Pflanze an feuchten Standorten. Wird als invasiver Neophyt allgemein bekämpft (N2/P2).

Weißer Steinklee (*Melilotus albus*): 50 bis 200 cm hoch an Wegrändern und im Ödland (N4/P3).

Seit dem ➜ Vollfrühling blüht noch:

- **Edelkastanie** (*Castanea sativa*) (N3/P3)
- **Himbeere** (*Rubus idaeus*) (N4/P3)

Wald-Geißblatt (*Lonicera periclymenum*): Kletterpflanze im Wald (N2/P2).

NUTZPFLANZEN

Seit dem ➜ Frühsommer blüht noch:

- **Ackerbohne, Saubohne** (*Vicia faba*) (N2/P2).

Durchwachsene Silphie (*Silphium perfoliatum*): Eine bis drei Meter hohe Pflanze (Neophyt) als Energiepflanze auf Äckern (N2/P2).

Phazelie bzw. **Büschelschön** (*Phacelia tanacetifolia*): Zwischenfrucht auf Äckern und in Gärten (N4/P3).

Saat-Luzerne (*Medicago sativa*): 30 bis 90 cm hohe Pflanze an Wegrändern und als Stickstoffsammler auf Äckern (N3/P1).

Weißer Senf (*Sinapis alba*): Pflanze auf Äckern und in Gärten (N2/P3).

VORGÄNGE IM BIENENVOLK

Nach der Sonnenwende am 21. Juni hat die Aufzucht der Brut abgenommen. Doch noch wächst der Bien mit der schlüpfenden Brut weiter. Die Drohnen werden weniger gepflegt und zunehmend abgetrieben.

NUR AUSREICHENDE WINTERRESERVEN SICHERN DAS ÜBERLEBEN

Drohnenbau wird auch im Altvolk nicht mehr angelegt. Dieses hat seine größte Stärke erreicht und die für den Winter notwendigen Nahrungsreserven angelegt, falls diese nicht zuvor von der Imkerin bzw. dem Imker entnommen wurden. Da Blühzeiten vieler Pflanzen ebenfalls von der Tageslänge bestimmt werden, nimmt fast überall das Nahrungsangebot ab. Deshalb muss man im abgeschleuderten Altvolk, aber auch im Jungvolk auf ausreichende Futterreserven achten. Sonst kann es jetzt sehr schnell zu Futternot kommen.

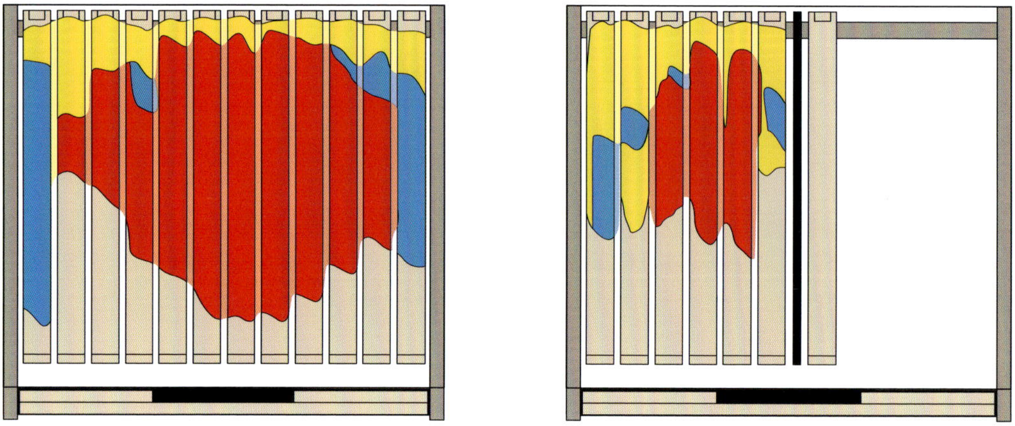

Bienenvolk im Dadant-Brutraum. Rot = Brut, gelb = Honig, blau = Pollen (rechts Jungvolk).

Das sollte man wissen

- Nach der Sonnenwende werden immer häufiger Drohnen abgetrieben.
- Nachdem die Brut ihr Maximum erreicht hatte, geht sie nach der Sonnenwende zurück.
- Varroamilben und mit Viren infizierte Bienen nehmen rasant zu.
- Milben reproduzieren sich jetzt ausschließlich in der Arbeiterinnenbrut.
- Symptome von den verschiedenen Brutkrankheiten werden im Nest deutlich sichtbar.
- Im Nest vermehrt sich *Nosema apis* nicht mehr, aber *Nosema ceranae* sehr gut.
- Adulte Kleine Beutenkäfer und Larven können in schwach besetzten Beuten sichtbar werden, aber auch den Honig in den gelagerten Waben fermentieren (bei uns noch nicht gefunden).

DAS IST ZU TUN

VÖLKER BEARBEITEN

- Das Brutnest sollte man möglichst unverändert lassen.
- Die Brutwaben auf Entwicklung und Krankheiten kontrollieren.
- Rechtzeitig die Honigwaben ernten, damit das Brutnest nicht „verhonigt“.
- Honigräume mit ausgeschleuderten Waben zum „Ausschlecken“ auf starke Völker setzen.

FUTTERVERSORGUNG BEACHTEN

Eine gute Versorgung mit Futter ist für die Gesundheit der Bienen wichtig.

- Oberhalb der Brutflächen sollte ein Futterkranz zur direkten Versorgung der Brut vorhanden sein und die Larven müssen im Futter schwimmen.
- Wenn keine Tracht mehr herrscht und auch keine erwartet wird, muss man bei Bedarf füttern.
- In Frühtrachtgebieten wird man mit dem Einfüttern für den Winter beginnen → Spätsommer, S. 132.
- Im Wald kann es zu Honigtautrachten kommen. Wenn Melezitose eingetragen wird, verbleibt diese als Zementhonig in den Waben. Am besten verlässt man möglichst bald den Wald.

ARBEITEN AM BIENENVOLK

Dort, wo mit der Frühtracht die Honigernte abgeschlossen ist, wird man sich die Behandlung gegen die Varroa-Virus-Infektion anschließen → Varroa-Virus-Infektion, S. 129.

HONIGRAUM ABNEHMEN

Die Honigwaben kommen in Frühtrachtgebieten dieses Jahr nicht mehr zum Einsatz. Die ausgeschleuderten Waben werden über ein Absperrgitter einigen wenigen starken Völkern zum „Ausschlecken" aufgesetzt und anschließend eingelagert. Wenn keine Tracht mehr herrscht, muss jetzt auf eine ausreichende Versorgung mit Futter geachtet werden. Dort, wo mit Linde und Kastanie weiter ein gutes Trachtangebot besteht, wird man ein zweites Mal Honig ernten. Im Wesentlichen gilt dasselbe wie bei der ersten Ernte. Bei einer Waldtracht geht es sowieso oft jetzt erst richtig los.

Dort, wo die Tracht zu Ende ist, kann man starken Bienenvölkern die Honigräume mit abgeschleuderten Waben zum Auslecken aufsetzen.

BIEN VOR HITZE SCHÜTZEN

Zu viel Wärme ist nicht nur für den Honig, sondern auch für die Bienen schädlich. Der Bien versucht, die Brut bei 34 °C zu halten, damit sich diese normal entwickeln kann und nicht geschädigt wird. Auch die Honigwaben dürfen sich nicht über 50 °C erhitzen, da sonst das Wachs weich wird und die Waben zusammenbrechen. Dann muss Wasser eingetragen, auf den Waben ausgewürgt und durch Fächeln Verdunstungskälte erzeugt werden. Dies ist mit einem enormen Kraftaufwand verbunden. Kurzfristig sicher ein für den Bien lösbares Problem, aber langanhaltend ein ziemlicher Stress und viel Energie bindend.

Bienenvölker leiden in der prallen Sonne besonders unter Blechdeckeln an Hitze. Als Sofortmaßnahme kann man Zweige auflegen.

Im Hochsommer können sich die auch von uns verwendeten Metalldeckel der Beuten enorm aufheizen. Solange der Honigraum als Puffer oben drauf sitzt, sollten die Bienen es im Brutraum schaffen. Aber darüber im Honigraum kann es schnell zu heiß werden. Abhilfe können eine Beschattung oder Zweige auf dem Deckel bringen → Bild. Besser wäre es, statt Metalldeckel z. B. Holz im Satteldach zu verwenden.

GESUNDHEITSÜBERWACHUNG

BIENENFLUG BEOBACHTEN

- Regelmäßig Bienenflug, Sammeln von Pollen und Nektar beobachten.

TOTENFALL VOR NESTEINGANG ÜBERWACHEN

- Die meisten Bienen sterben weit entfernt vom Nest.
- Missgebildete Bienen weisen auf hohe Varroa-Virus-Infektion hin.
- Krabbler und hüpfende Bienen können auf Chronische Paralyse, Nosemose (*N. ceranae*) oder eine Vergiftung hinweisen.

VERDACHT AUF VERGIFTUNG ÜBERPRÜFEN

Bei akuten Vergiftungen kommt es zu auffälligen Erscheinungen:

- Viele bis massenhaft tote Bienen.
- Kämpfe am Flugloch.
- Schwarze (nasse) Bienen.
- Bienen mit ausgestrecktem Rüssel.
- Hoher Verlust an Flugbienen (Kahlfliegen).

AUF VERÄNDERTE BRUT ACHTEN

Beim Blick in das Brutnest sollte man sich die Brut genau ansehen:

- Auf lückige Brutflächen achten.
- Veränderungen am Zelldeckel und in der Brutzelle überprüfen.
- Bei Auffälligkeiten Streichholzprobe durchführen.
- Fadenziehende braune Masse deutet auf einen Ausbruch der Amerikanischen Faulbrut hin. Der Verdacht auf einen Ausbruch ist bei der Veterinärbehörde anzuzeigen.
- Befall der Brut mit Varroamilben bestimmen.

BEFALL MIT VARROAMILBEN ERKENNEN UND HANDELN

Die Kontrolle des Befalls der Bienenvölker auf Varroamilben gehört zu den wichtigsten vorbeugenden Maßnahmen in der Imkerei. Nur so kann man entscheiden, ob eine Bekämpfung der Varroa-Virus-Infektion notwendig ist und ob die durchgeführten Maßnahmen erfolgreich waren. Der Befall kann auf verschiedene Weise bestimmt werden.

Am einfachsten und zu jeder Jahreszeit kann man den natürlichen Abfall der Varroamilben bestimmen. Dazu wird das Gemüll untersucht, das sich am Boden unter dem „Bienensitz“ angesammelt hat. Damit die Bienen den Boden nicht reinigen, ist in den meisten Beutensystemen über dem Bodenschieber ein Gitter angebracht. Um zu verhindern, dass Ameisen Milben wegtragen, kann man auf den Bodenschieber ein mit Öl getränktes Papier von einer Küchenrolle legen. Dieser Diagnoseschieber sollte zwei bis drei Tage unter dem Bienensitz bleiben, um Tagesschwankungen im Abfall auszugleichen. Wartet man länger, fällt zu viel Gemüll herunter und das Zählen der Milben ist erschwert.

Natürlichen Milbenabfall ermitteln und über Maßnahmen entscheiden:

- unter 5 Milben/Tag: keine.
- 5–10 Milben/Tag: abwägen.
- über 10 Milben/Tag: dringend.

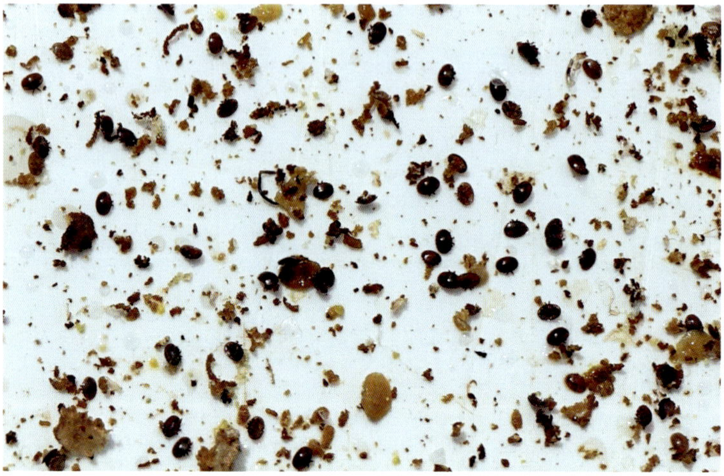

Mit Speiseöl getränktes Küchenpapier kann für zwei bis drei Tage auf die Bodenschieber gelegt werden, um die Milben aufzufangen.

Die Zahlen gelten als Anhaltspunkte, um die Entscheidung zu erleichtern.

Am genausten und schnellsten ist die Untersuchung der adulten Bienen mit der Puderzuckermethode.

Die Varroamilben können sich auf den mit Puderzucker bestäubten Bienen nicht halten und fallen herunter. Anschließend können die Bienen ohne Probleme wieder in ihr Volk zurückgegeben werden.

Befall der Bienen z. B. mit der Puderzuckermethode bestimmen:

- unter 1 % Befall: keine.
- 1–5 % Befall: abwägen.
- über 5 % Befall: dringend.

Die Zahlen gelten als Anhaltspunkte, um die Entscheidung zu erleichtern.

Die Varroamilben haben Probleme, sich auf den mit Puderzucker bestäubten Bienen zu halten. Aus den abgefallenen Varroamilben kann man bei bekannter Bienenzahl den Befall ermitteln.

- ca. 50 g Bienen einfüllen
- Becher schließen
- um 180° drehen
  Sieb nach oben!

- 35 g Puderzucker einfüllen
- 3 Minuten lang leicht schwenken

- Becher um 180° drehen
  Sieb nach unten!

- 1 Minute stark über dem Feinsieb schütteln
- Milben im Feinsieb zählen

Mit Zucker bepuderte Bienen können direkt ins Volk zurückgegeben werden, da sie von den anderen gerne gereinigt werden.

MASSNAHMEN DER GESUNDERHALTUNG

VARROABEHANDLUNG FESTLEGEN

Nach Trachtende und der Abnahme des Honigraums ist die Behandlung mit Medikamenten möglich.

- Nur Medikamente mit Langzeitwirkung oder die in die Brutzelle hinein wirken verwenden: Ameisensäure, Thymol.

TOTALE BRUTENTNAHME

→ Frühsommer, S. 88

- Bien in Flugling und Brutling aufteilen.
- Bei hohem Befall die Brutwaben besser vernichten.

VARROOSE MIT MEDIKAMENTEN BEHANDELN

Damit diese weitgehend ohne Parasiten aufwachsen, sollten die Völker nur wenige Milben enthalten. Bei mittlerem und hohem Befall sollte man sich für die Bekämpfung entscheiden. Hier bietet sich das Verdunsten von Thymol oder von 60%iger Ameisensäure an. Thymol wirkt langsam und sollte nur bei Temperaturen zwischen 20 und 25 °C am Tage und über 15 °C in der Nacht verwendet werden.

Bei anhaltender Tracht steht man vor der schwierigen Entscheidung, abzuschleudern oder die Varroa-Virus-Infektion zu bekämpfen, denn im Spätsommer werden im Bienenvolk die Winterbienen aufgezogen.

60%ige Ameisensäure wird am besten über einen Verdunster verabreicht. Hier wird der Nassenheider-Verdunster professional auf die Oberträger gestellt.

Bei Ameisensäure muss neben der Temperatur auch die Luftfeuchtigkeit beachtet werden. Liegen die durchschnittlichen Temperaturen unter 20 °C, verdunstet zu wenig Säure. Herrscht hohe Luftfeuchtigkeit, wird sie mit der Feuchtigkeit nach draußen gezogen. Bei zu großer Hitze bzw. über 30 °C verdunstet die Säure zu schnell und nicht alle später schlüpfenden Milben werden noch erfasst. Grundsätzlich sollte man die Behandlung aber nicht übertreiben, sondern den Befall nur unter die Schadensgrenze drücken. Denn Medikamente, auch die mit natürlichen Wirkstoffen, haben schädliche Nebenwirkungen. Bis zur nächsten Behandlung im Winter sollte die Zahl von 500 Milben nicht mehr überschritten werden.

Die Behandlung mit Medikamenten hat jedoch den Nachteil, dass die Milben selektiert werden und sich aus den offensichtlich widerstandsfähigeren Überlebenden eine neue Population aufbaut. Bei der vollständigen Brutentnahme besteht dieses Problem nicht, da alle Milben in der Brut eliminiert werden und nur die wenigen auf den Bienen überleben → Vollständige Brutentnahme, S. 78.

BRUTFREIHEIT DURCH BRUTSTOPP ERREICHEN

Um die Bienenvölker für eine Behandlung mit Medikamenten brutfrei zu machen, kann man die Königin an der weiteren Eiablage hindern. Dazu wird die Königin während der Tracht oder zwei bis drei Wochen vor Trachtende auf einer Wabe in einen Käfig gesperrt. Damit sich das Volk nicht weisellos fühlt, sollte man geräumige Käfige verwenden, in die die Arbeiterinnen ohne Probleme ein- und ausgehen können. Nach drei Wochen ist sämtliche Brut geschlüpft. Eventuell noch vorhandene Drohnenbrut wird vernichtet.

Nach Abnahme des Honigraums wird die Königin freigelassen und das Volk mit Medikamenten wie Oxal- oder Milchsäure behandelt. Dazu werden die Waben einzeln besprüht. Aber auch ohne Behandlung hat man mit diesem Brutstopp die Varroamilben reduziert. Die Maßnahme sollte spätestens bis zur Mitte des Spätsommers abgeschlossen sein, da in dieser Jahreszeit die Winterbienen aufgezogen werden.

Am einfachsten macht man Völker brutfrei, wenn man die Königin in einen Durchlaufkäfig sperrt, bis alle Brut geschlüpft ist.

ARBEITEN AM BIENENSTAND

Die meisten dürften noch mit der Ernte und Verarbeitung von Honig beschäftigt sein. Die Gefahr von Räuberei ist dabei besonders groß. Das gilt vor allem dort, wo bereits für den Winter eingefüttert wird.

ZEMENTHONIG VERMEIDEN

Wenn noch Wald- oder Heidehonig anfällt, geht die Arbeit in gewohnter Weise weiter. Doch der aus Honigtau bestehende Waldhonig bereitet nicht immer Freude. Besonders kritisch wird die Situation für Bien und Imker*in, wenn der Honigtau z. B. von Fichte, Kiefer und Lärche Melezitose (ein Dreifachzucker, bestehend aus Glukose-Fruktose-Glukose) enthält. Besonders hoch ist der Gehalt im Honigtau von der Großen Schwarzen Fichtenrindenlaus (*Cinara piceae*). Dieser kristallisiert bereits in der Wabe vom Zellboden her aus und lässt sich nur schwer oder gar nicht schleudern. Im Schwarzwald sind oft nur einzelne Täler und manchmal auch nur Talseiten betroffen, was auf klimatische Einflüsse wie Wärme schließen lässt.

Der in den Zellen auskristallisierte Honig kann von den Bienen, aber auch bei der Ernte kaum gelöst werden. Am besten vermeidet man dies und wandert rechtzeitig ab.

Inzwischen hat man die unterschiedlichsten Techniken zur Gewinnung dieses „Zementhonigs“ entwickelt. Einige schmelzen die Waben einfach, um anschließend den vom Wachs getrennten Honig als Waldhonig zu vermarkten. Dieser Honig ist zwar nach den Qualitätskriterien der Honigverordnung, wie HMF und Invertase, nicht immer zu beanstanden, aber wegen der Erwärmung nicht mehr naturbelassen. Aus lebensmittelrechtlichen Gründen muss das durch Ausschmelzen der Waben gewonnene Produkt daher deutlich als „Backhonig“ deklariert werden. Alles andere wäre eine Täuschung der Verbraucher*innen und könnte dem Ruf des Waldhonigs sowie der Glaubwürdigkeit der Imker*innen schaden.

ARBEITEN IM BIENENGARTEN

Im Hochsommer könnte den Bienenvölkern wie auch den Pflanzen die Hitze zu schaffen machen. Den Bienen helfen im Notfall künstliche Wassertränken. Im Garten werden bei Bedarf die Pflanzen gegossen oder besser betropft. Zweijährige Blumenpflanzen, die im Frühsommer ausgesät wurden, können jetzt an ihren endgültigen Platz gepflanzt werden. Aber auch Aussaat von Zweijährigen ist weiter möglich. Frühjahrsblüher wie Besenginster werden jetzt ausgelichtet, indem man alte Triebe zurückschneidet. Auch Lavendel und Thymian können jetzt nach der Blüte zurückgeschnitten werden. Das gibt dichtere Büsche und im nächsten Jahr mehr Blüten.

Im Garten findet man die Seidenbienen (*Colletes daviesanus*) mit ihren auffallend gelben Streifen am Hinterleib auf Rainfarn Pollen sammeln und ins Nest tragen.

ALLES UM HONIG UND ANDERE BIENENPRODUKTE

Der von den Bienen eingetragene Nektar und Honigtau kann einen Wassergehalt von 20 % bis 95 % vorweisen. Dies müssen die Bienen dem Honig entziehen, damit er haltbar wird. In den Verkauf darf nur Honig gelangen, der weniger als 20 % (Heidehonig 23 %) enthält. Einige Verbände wie der Deutsche Imkerbund und die Bioverbände verlangen sogar weniger als 18 % Wasser.

HONIG ERNTEN

Honig erntet man am besten nach einer mehrtägigen Trachtpause. Dann sollten die Bienen so viel Wasser entzogen haben, dass der gesamte Honig reif ist. Bei anhaltender Tracht entnimmt man den Honig am besten morgens, da dann die Bienen in der Nacht das meiste verarbeitet haben und noch kein neuer Nektar hinzugekommen ist. Wenn Honigwaben zu mindestens zwei Dritteln verdeckelt sind, ist der Honig in der Regel reif und enthält weniger als 18 % Wasser. Am haltbarsten ist der Honig bei einem Wassergehalt unter 16 %. Nur bei Massentrachten schaffen es die Bienen manchmal nicht so schnell, alles mit einem Wachsdeckel zu schließen oder verdeckeln früher (hier hilft ein Spritztest, oder noch besser, das Refraktometer) weiter.

Am schnellsten kann man den Honigraum mit einer Bienenflucht abnehmen. Verschiedene Modelle sind auf dem Markt. Alle mit dem gleichen Ziel: Bienen dürfen den Honigraum verlassen, aber nicht wieder dahin zurückgelangen. Am besten legt man die Flucht ein bis zwei Tage vor der Ernte ein. Das gelingt aber nur ohne Probleme, wenn man mit Absperrgitter arbeitet. Sonst muss man erst nach der Königin schauen. Wir setzen erst, seitdem wir Bienenfluchten verwenden, auch Absperrgitter ein. Eigentlich sind sie unnatürlich, aber nach dem Abwägen des Für und Wider spricht doch einiges dafür, denn diese Methode ist wesentlich sanfter als das Abkehren mit einem Besen. Wer will, könnte auch die restlichen Bienen mit einem „Bläser" von den Waben holen. Im voll besetzten Honigraum ist diese Methode aber eine Tortur für die Honigbienen und sollte aus Gründen des Tierwohls abgelehnt werden.

Bei der Bearbeitung des Bienenvolks darf man bei der Honigernte keinen Wassersprüher benutzen, da sonst Wasser in den Honig gelangen könnte. Noch kritischer sind chemische Mittel wie Repellents. Sie führen unweigerlich zu Rückständen im Honig und beunruhigen die Bienen zudem extrem stark. Aber Rauch muss sehr dosiert gegeben und das Rauchmaterial in Hinblick auf mögliche Rückstände ausgewählt werden.

Die eingelegte Bienenflucht erlaubt es den Bienen, den Honigraum zu verlassen, aber nicht dahin zurückzukehren. Der bienenleere Honigraum kann nach einem Tag ohne Probleme abgenommen werden.

HONIG UND HYGIENE

Honig ist ein Lebensmittel. Im Stock kümmern sich die Bienen um die Qualität des Honigs. Sobald die Waben entnommen werden, ist dies die Aufgabe der Imker*innen. Hygiene beginnt bereits damit, dass man den Honigraum nicht einfach auf den Boden stellt. Ein Deckel als Unterlage verhindert, dass die Waben verunreinigt werden. Auch beim Transport und der Lagerung der Waben muss man immer an die Hygiene und auch an Gerüche denken, die der Honig in den Wachswaben sonst schnell aufnimmt. Ein Zwischenlager in der Garage ist daher eher ungeeignet.

Die Vorschriften für die weitere Bearbeitung des Honigs hängen nun sehr von der Betriebsgröße ab. Größere Betriebe müssen sich strikt an die Vorschriften der Hygieneverordnung halten, für Primärerzeuger gelten nicht ganz so strenge Regeln. So reicht es, wenn die Wände und Böden abwaschbar sind, sich keine Teile von der Decke lösen können und eine Waschstelle sich in der Nähe befindet. Grundsätzlich müssen die Räume und Geräte vor der Benutzung gründlich gereinigt werden. Auch die persönliche Hygiene gilt für alle: Händewaschen vor und während der Arbeit ist ebenso selbstverständlich wie saubere Arbeitskleidung und ein Haarschutz.

HONIG BEARBEITEN

Bevor man die Honigwaben ausschleudern kann, müssen die Wachsdeckel der Zellen mit einer Entdeckelungsgabel oder einem speziellen Messer entfernt werden. Die entdeckelten Waben werden anschließend in die Körbe einer Honigschleuder gegeben. Am besten läuft der Honig aus der Schleuder zunächst durch ein grobes und dann durch ein feines Sieb in die darunter gestellten Behälter. Wenn notwendig, kann man ihn noch weiter filtern. Hier richten sich die verwendeten Verfahren nach dem Umfang der Ernte und der Honigsorte.

Am einfachsten und für den Honig am schonendsten entdeckelt man die Honigwaben mit einer speziellen Gabel.

Anschließend lässt man den Honig zum Klären einige Tage bei Zimmertemperatur stehen. Von Zeit zu Zeit entfernt man z.B. mit einem Teigschaber die obere Schaumschicht, die aus Wachs und Bienenteilchen sowie aus Luftblasen besteht. Einige füllen den Honig danach direkt in Verkaufsgebinde, andere in Lagergefäße ab. Wichtig ist, dass nur Gefäße aus lebensmittelechten Materialien verwendet werden. Wer nicht viel Honigwaben zu verarbeiten hat, kann den Honig auch auspressen oder austropfen zu lassen. Das Austropfen ist sowieso das schonendste Verfahren überhaupt, erfordert aber viel Zeit und Geduld. Für den Kleinstimker mit einem oder zwei Völkern aber eine Alternative zur Schleuder. Presshonig enthält dagegen viel Pollen und sollte als solcher deklariert werden. In einem naturbelassenen Honig werden sich je nach Gehalt von Glukose und Fruktose nach einiger Zeit Kristalle bilden. Besonders große Kristalle empfinden einige auf der Zunge als unangenehm. Auch können manche Honige wie Rapshonig sehr hart werden. Feincremigen streichfähigen Honig kann man durch häufigeres Rühren direkt nach dem Klären erhalten. Man kann den Honig auch mit einem feinkristallinen Frühjahrshonig impfen. Das erfordert aber etwas Erfahrung. Honig kann bei Bedarf wieder verflüssigt werden, wenn man ihn vorsichtig nicht über 35 bis 38 °C im Wasserbad erwärmt. Noch höher sollte man nicht gehen, da ab 40 °C die Enzyme zerstört werden.

HONIG – QUALITÄT UND VERKAUF

Für alle, die ihren Honig selbst essen oder verschenken, ist das Kapitel Honig damit abgeschlossen. Wesentlich aufwändiger wird es, wenn er in den Verkauf geht. Dabei ist es egal, um welche Menge es sich handelt. Auch der Hobbyimker muss sich, wenn er Honig gewerbsmäßig in den Verkehr bringt, also verkauft, an verschiedene Gesetze halten.

In der Honigverordnung ist festgelegt, was Honig ist, welche Eigenschaften er aufweisen und welche Inhaltsstoffe er in welchen Mengen enthalten muss. Welche Hygienevorschriften im Betrieb eingehalten und wie diese dokumentiert werden müssen, schreibt die Lebensmittelhygieneverordnung vor. Beim Abfüllen und Etikettieren gelten die Vorschriften der Lebensmittelkennzeichnungs- und der Verpackungsverordnung. Schließlich haftet der Imker für die Qualität des von ihm abgegebenen Produktes.

Überhitzter oder falsch gelagerter Honig trennt sich leicht, wobei die obere flüssige Phase schnell zu gären beginnt.

Wenn der Honig in den Verkauf gelangt, müssen auf dem Etikett Name und Anschrift der Imker*innen, der Inhalt, die enthaltene Menge und die Mindesthaltbarkeit angegeben werden.

Honig unterliegt der staatlichen Lebensmittelkontrolle. Bei Verstößen gegen die einschlägigen Verordnungen kann sie die Vermarktung des betroffenen Honigs verbieten und Bußgeldbescheide erlassen. Die meisten Beanstandungen erfolgen wegen falscher Deklarierung. Da wird schnell ein Blütenhonig zum höherpreisigen Heide- oder Waldhonig hochgelobt. Wer sich unsicher ist, gibt besser „Blütenhonig" oder einfach „Honig" an. Im direkten Verkauf geht sowieso nichts ohne Gespräch und Erläuterung an den Kunden. Trotzdem dürfen Name und Anschrift der Imker*innen sowie die im Glas enthaltene Menge nicht fehlen. Als Mindesthaltbarkeit sollte man das Datum zwei Jahre nach der Ernte angeben. Doch dies lernt man alles in einem Honigkurs, der die Voraussetzung für die Verwendung des Etiketts des deutschen Imkerbundes ist.

Mit einem speziellen Gitter kann man Propolis sehr leicht ernten. Dazu wird das Gitter von den Oberträgern abgenommen und für einige Stunden tiefgekühlt. Anschließend biegt man das Gitter so, dass die Propolis abplatzt.

ANDERE BIENENPRODUKTE

Honig ist das bei Weitem wichtigste Produkt in der Imkerei. Pollen wird bei uns nur vereinzelt geerntet, da er selten im Überschuss vorhanden ist. Der Futtersaft der Königin, das Gelée royale, fällt höchstens für den Eigenbedarf an. Propolis darf nur vor der Behandlung gegen die Varroose geerntet werden. Dazu kann man spezielle Gitter oder rückstandsfreie Sackleinen einlegen, von denen man nach dem Einfrieren die Propolis abricht. Anschließend stellt man aus Rohpropolis eine alkoholische Lösung her. Diese Naturmedizin mit antiviraler Wirkung darf man aber nur für den Eigenverbrauch verwenden, da sie im Verkauf als Medikament mit all seinen strengen Vorschriften eingestuft würde. Wachs fällt in jeder Imkerei an und kann für Kerzen, aber auch Kosmetika und vieles andere verwendet werden → Wachs, ein wertvolles Bienenprodukt, S. 180.

VARROA-VIRUS-INFEKTION

Die Varroamilbe war ursprünglich ein Parasit der asiatischen Honigbienen, *Apis cerana*. Erst nach dem Wechsel auf die westliche Honigbiene, *Apis mellifera,* konnte sie sich weltweit ausbreiten. Die Varroamilbe parasitiert inzwischen nahezu alle Bienenvölker.

AUFFÄLLIGKEITEN VOR DEM VOLK

- Missgebildete Bienen krabbeln am Boden vor dem Nesteingang.
- Tote Brut wird aus dem Nest getragen.

SYMPTOME IM VOLK

- Querovale, weißliche bis dunkelbraune Milben (8 Beine) findet man bei schwachem Befall auf dem Beutenboden sowie vereinzelt auf Waben und Bienen.
- Bei starkem Befall sind vereinzelt Bienen mit verkürztem Hinterleib und missgebildeten Flügeln auf den Waben zu sehen.
- In einzelnen oder mehreren offenen Brutzellen liegen wie bei Europäischer Faulbrut verdrehte Larven.
- Bienenvölker sterben meist im Herbst oder bis Ende des Jahres.
- In den Beuten von eingegangenen Bienenvölkern befinden sich Waben mit viel Futter und gedeckelter Brut, aber nur wenige tote Bienen.

URSACHEN

- Die Varroamilben vermehren sich in der gedeckelten Brut, bevorzugt in Drohnenbrut.
- Pro Jahr entstehen 10 bis 12 Generationen von Milben.
- Eine Varroamilbe kann mehrere Monate leben.
- Milbenpopulation nimmt im Juni nach dem Schlüpfen von Drohnenbrut drastisch zu, gleichzeitig steigt die Zahl der mit Milben infizierten Bienen und Bienenbrut.
- Die eigentliche Schädigung erfolgt durch die von der Milbe *Varroa destructor* übertragenen oder aktivierten Viren, wie das Deformierte-Flügel-Virus (DWV) und das Akute-Bienenparalyse-Virus (ABPV).
- Bei der Varroose handelt es sich um eine infektiöse Faktorenkrankheit, die durch Veranlagung, Haltungsbedingungen und Umgebung beeinflusst wird.

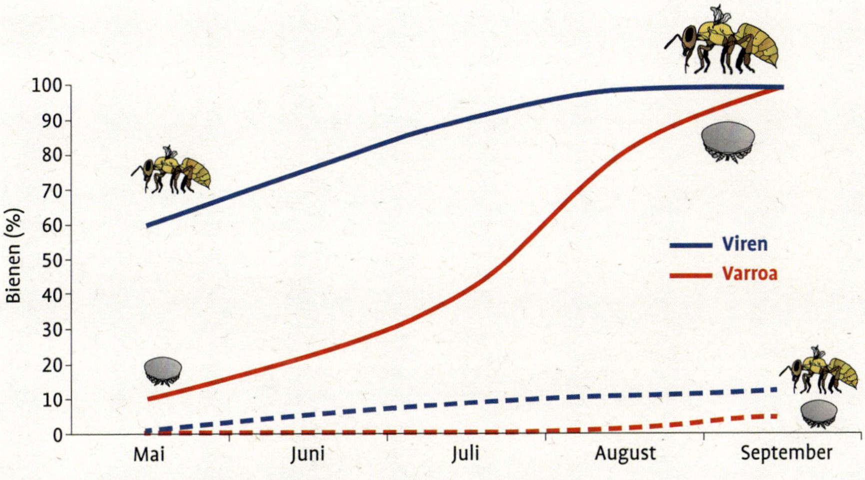

Wenn man den Milbenbefall niedrig hält, sind auch wenig Bienen mit Viren (ABPV) infiziert. Sonst erreicht der Befall schnell die Schadensgrenze.

Wenn die ersten missgebildeten Bienen auftauchen, ist die Infektion weit fortgeschritten und eine sofortige Behandlung unter allen Umständen notwendig.

VERWECHSLUNG

- Die Varrroa-Milbe kann mit der inzwischen seltenen runden und sechsbeinigen Bienenlaus, *Braula coeca*, verwechselt werden.
- Missgebildete Bienen treten auch bei verkühlter Brut auf.
- Die Symptome der Brut können denen von Europäischer Faulbrut ähneln.

AUSBREITUNG

- Durch Verstellen der Bienenvölker sowie den Austausch von Brutwaben und Honigbienen werden Viren und Milben weitergegeben.
- Mit Viren infizierte Honigbienen aus an der Varroose eingehenden Völkern verfliegen sich und tragen Varroamilben in Nachbarvölker in einem Umkreis von bis zu einem Kilometer.

BEKÄMPFUNG

- Im Frühjahr den Befall mit mehrmaligem Ausschneiden und Vernichten der Drohnenbrut reduzieren.
- Alternativ oder ergänzend zur chemischen Behandlung die Bienenbrut je nach Trachtsituation im Juni/Juli oder später vollständig entnehmen.
- Im Sommer mit in die Bienenbrutzellen hinein oder lang anhaltend wirkenden Medikamenten (z. B. Ameisensäure, Thymol) behandeln.
- Im Winter die brutlosen, in enger Wintertraube sitzenden Bienenvölker mit direkt wirkenden Medikamenten (z. B. Oxalsäure, Milchsäure) behandeln.

VORBEUGUNG

- Den Milbenbefall das ganze Jahr über niedrig halten ➜ Grafik.
- Die Milbenzahl mindestens im Hochsommer (Juni/Juli) und Spätherbst (November) anhand des natürlichen Milbenabfalls oder der auf Bienen parasitierenden Milben überprüfen.
- Im Flugradius der Bienenvölker von 3 km die Behandlung möglichst zeitlich koordinieren.
- Bei schlechtem Behandlungsergebnis im Vorjahr (z. B. nasser, kühler Spätsommer anhaltende Brutaufzucht im Winter) die Entwicklung der Varroapopulation im kommenden Frühjahr besonders aufmerksam beobachten.

Die Varroamilbe kann man leicht an ihrer ovalen Form erkennen. Foto: D. Waltenberger

BEKÄMPFUNGSVERFAHREN VARROOSE

JAHRESZEIT	CHEMISCHE VERFAHREN								BIOTECHNISCHE METHODEN								BEFALL ERKENNEN			
	Synthetische Wirkstoffe*		Natürliche Wirkstoffe						Milben eliminieren				Milben reduzieren							
	Streifen einhängen	Streifen am Flugloch	Oxalsäure träufeln	Oxal-Ameisensäure träufeln	Oxalsäure sprühen	Milchsäure sprühen	Thymol verdampfen	Ameisensäure verdampfen	Bildung Kunstschwarm	Vollständige Brutentnahmen	Fangwaben im Zwischenableger	Bannwabenverfahren	Vorwegnahme des Schwarms	Königin käfigen	Brutableger bilden	Drohnenbrut schneiden	Veränderungen Bienenvolk	Natürlicher Milbenabfall	Puderzuckermethode	Auswaschen Brut
Vorfrühling																				
Erstfrühling																				
Vollfrühling																				
Frühsommer																				
Hochsommer																				
Spätsommer																				
Frühherbst																				
Vollherbst																				
Spätherbst																				
Winter																				

* in der Bio-Imkerei nicht zugelassen

SPÄTSOMMER

Kurz und bündig

- Die Jahreszeit beginnt mit der Fruchtreife der Eberesche → links.
- Die Drohnenschlacht wird abgeschlossen.
- Nicht immer liefert die Heide viel Nektar.
- Tannen bringen je nach Lausbesatz Honigtau.
- Winterbienen werden jetzt aufgezogen und sollten gesund sein.
- Die Varroa-Virus-Infektion mit Medikamenten behandeln.

SPÄTSOMMER: ERNTE VON FRÜCHTEN UND SPÄTTRACHTEN

Da es in dieser Zeit nur noch wenige weitverbreitete blühende Pflanzen gibt, treten nun im phänologischen Kalender als Anzeiger Früchte und ihre Ernte in den Vordergrund. So zeigen die Fruchtreife der Eberesche und die Pflückreife der frühen Apfelsorten den Spätsommer an. Trotzdem können im Spätsommer noch wichtige Trachtpflanzen wie die Besenheide (*Calluna vulgaris*) blühen. Für Bienen ist sie aber bei uns nur in sehr wenigen Gebieten von Bedeutung und „honigt" auch dort nur alle drei bis vier Jahre ausreichend. Das gilt erst recht für die im Bayerischen Wald und Schwarzwald bedeutende Honigtautracht von der Weißtanne (*Abies alba*), die, abhängig von den speziellen Lauspopulationen, ebenfalls sehr unregelmäßig ist.

Diese Spättrachten sind immer ein schwieriger Spagat zwischen ausreichender Behandlung der Varroose und rechtzeitiger Einwinterung auf der einen und einer möglichen Ernte von Heide- oder Honigtauhonig auf der anderen Seite. Nicht immer fällt die Entscheidung zum Wohl des Biens aus.

Unter den Nutzpflanzen bieten nun der Buchweizen und die Sonnenblume noch sehr viel Nektar und Pollen. Allerdings hängt dies bei der Sonnenblume sehr von der Sorte, aber auch der Zusammensetzung des Bodens ab. Zudem wird immer wieder berichtet, dass sich Bienenvölker in der Sonnenblume „totgeflogen" haben, d.h. ihre Stärke trotz großer Flugaktivität erheblich abnahm. Der zunehmende Anbau von Buchweizen bringt dagegen eine sehr gute Tracht. Der Honig ist allerdings wegen seines eigenartigen Geschmacks und Geruchs nicht überall beliebt. Der Spätsommer dauert nach Erhebungen des Deutschen Wetterdienstes im vieljährigen Durchschnitt von Anfang bis Ende August.

Frühe Apfelsorten wie der Klarapfel werden jetzt geerntet.

TRACHTPFLANZEN

WILDPFLANZEN

Efeu (*Hedera helix*): Kletterstrauch in Wäldern, an Hängen und Felsen (N3/P3).

Heidekraut, Besenheide (*Calluna vulgaris*): Zwergstrauch in Heide, Mooren und lichten Wäldern sowie in verschiedenen Formen im Garten (N3/P3).

Echter Lavendel (*Lavandula angustifolia*): Bis 60 cm hohe Pflanze an trockenen felsigen Hängen sowie im Garten und auf Feldern (N3/P1).

Gewöhnlicher Liguster (*Ligustrum vulgare*): Strauch in Wäldern und Gärten (N3/P3).

Die folgenden Pflanzen werden mit Werten für Nektar (N) und Pollen (P) angegeben:
1 = gering
2 = mittel
3 = gut
4 = sehr gut.

Seit dem ➜ Hochsommer blüht noch:

- **Brombeere** (*Rubus fruticosus*) (N3/P3)
- **Silberlinde** (*Tilia tomentosa*) (N3/P1)
- **Großes Springkraut** oder **„Rühr-mich-nicht-an"** (*Impatiens noli-tangere*) (N2/P2)
- **Drüsiges Springkraut** (*Impatiens glandulifera*) (N2/P2)
- **Weißer Steinklee** (*Melilotus albus*) (N4/P3)

Seit dem ➜ Frühsommer blüht noch:

- **Holunder** (*Sambucus nigra*) (N2/P2)
- **Echter Thymian** (*Thymus* spp.) (N3/P2)

Rainfarn (*Tanacetum vulgare*): Bis 150 cm hohe Pflanze an Waldrändern und entlang von Gewässern (N2/P2).

NUTZPFLANZEN

Seit dem ➔ Hochsommer blüht noch:

- **Durchwachsene Silphie** (*Silphium perfoliatum*) (N2/P2)
- **Phacelia, Büschelschön** (*Phacelia tanacetifolia*) (N4/P3)
- **Saat-Luzerne** (*Medicago sativa*) (N3/P1)
- **Drüsiges Springkraut** (*Impatiens glandulifera*) (N2/P2)
- **Weißer Senf** (*Sinapis alba*) (N2/P3)

Echter Buchweizen, Heidekorn (*Fagopyrum esculentum*): Bis zu einem Meter hohe Pflanze als Körner- oder Zwischenfrucht auf Äckern (N4/P3).

Sonnenblume (*Helianthus annuus*): Ein bis zwei Meter hohe Pflanze im Garten und auf Äckern (N3/P3).

VORGÄNGE IM BIENENVOLK

Im Spätsommer ist die Vermehrung über den Schwarm längst abgeschlossen und die Drohnen werden als unnötige „Fresser“ entfernt. In dieser Zeit werden die Winterbienen aufgezogen. Sie ersetzen nach und nach die wesentlich kurzlebigeren Sommerbienen. Auch wenn bis zum Winter noch viele weitere Honigbienen schlüpfen werden, müssen die meisten von ihnen bis zur Durchlenzung im Frühjahr durchhalten, um die nächste Generation Sommerbienen aufzuziehen.

MIT DEM SPÄTSOMMER BEGINNT EIN NEUES BIENENJAHR

In diesen Wochen entscheidet sich somit, wie das Volk in den Winter geht und sich im nächsten Frühjahr entwickelt. In der Imkerei sieht man daher häufig den Spätsommer als den Beginn des Bienenjahres. Wildlebende Bienenvölker hätten ihre Vorräte für den Winter bereits mit Blütenhonig angelegt. Sie würden daher nicht in die Waldtracht fliegen und hätten so selten Probleme mit diesem unverträglichen Winterfutter. Zu viele Varroamilben sind jetzt eine besondere Gefahr für die in dieser Zeit aufgezogenen Winterbienen. Das Jungvolk (rechts) hat zwar noch nicht die Größe des alten Volks erreicht, aber sonst unterscheiden sich beide nur wenig.

Bienenvolk im Dadant-Brutraum. Rot = Brut, gelb = Honig, blau = Pollen (rechts Jungvolk).

Das sollte man wissen

- Bei der Drohnenschlacht im Spätsommer werden alle Drohnen abgetrieben.
- Winterbienen werden aufgezogen und Sommerbienen gehen ab.
- Fehlt Tracht, kommt es schnell zu Räuberei und zur Übertragung von Krankheiten.
- Mit Varroamilben und mit Viren infizierte Bienen nehmen weiter zu.
- Symptome von Brutkrankheiten werden im Nest deutlich sichtbar.
- Im Nest vermehrt sich *Nosema ceranae* und in Winterbienen auch *Nosema apis*.
- Adulte Kleine Beutenkäfer und Larven können in schwach besetzten Beuten sichtbar werden, aber auch Honiglager zerstören (bei uns noch nicht gefunden).

DAS IST ZU TUN

ARBEITEN AM VOLK

- Brutnest möglichst unverändert lassen.
- Die Brutwaben auf Entwicklung und Krankheiten kontrollieren.
- Futtervorräte in Völkern schätzen: 1 dm^2 auf jeder Seite einer Wabe entsprechen 350 g Futtervorräten.
- Eine volle DN-Wabe enthält 1,7 kg Futter, Zanderwabe 2,0 kg und Dadantwabe 3,5 kg.
- Zur Einwinterung je nach Volksstärke auf mindestens 15 bis 20 kg auffüttern.

FUTTERVERSORGUNG ÜBERPRÜFEN

Nur in wenigen Regionen kommt es noch zu schleuderbarer Tracht:

- Der Bien braucht eine gute Versorgung mit Pollen und Nektar.
- Oberhalb der Brutflächen sollte ein Futterkranz zur direkten Versorgung der Brut vorhanden sein.
- Die Larven müssen im Futter schwimmen, da sie sonst als Adulte anfällig für Krankheiten werden.
- Nach letzter Honigentnahme auf Futtervorräte achten. Besonders bei der Verwendung eines Absperrgitters kann der Futterkranz fehlen.

ARBEITEN AM BIENENVOLK

Vor der Einfütterung für den Winter steht man vor der Frage, was sich dafür am besten eignet. Manche behaupten, reines Zuckerwasser sei für die Bienen optimal. Das ist wohl eher eine Ausrede, um den „Diebstahl" zu rechtfertigen.

HONIG ALS WINTERFUTTER BEVORZUGEN

Ohne Frage wäre der von den Bienen eingetragene Honig die erste Wahl als Winterfutter. Doch Honigbienen werden vornehmlich als „Nutztiere" gehalten, um Honig zu ernten. Deshalb ist auch in der Bioimkerei der Anteil an Blütenhonig im Winterfutter ein viel diskutiertes Thema. In den Richtlinien der Ökoverbände werden neben allgemeinen Aussagen nur von wenigen mit 5 bis 10 % konkrete Zahlen genannt. Doch klar ist auch: Die außer Zucker und Wasser bis zu 3 % anderen Inhaltsstoffe des Honigs steigern nicht nur unsere Vitalität, sondern auch die des Biens.

In unserer Imkerei haben wir es so gelöst, dass der Honig im Honigraum uns gehört und der im Brutraum dem Bien. Das sind bei unserer Betriebsweise in der Großraumbeute mit Dadantmaß meist mit über 5 kg mehr als 25 % Anteil am Winterfutter. Am besten schätzt man die vorhandene Honigmenge vorher ab und füttert die fehlende Menge auf.

Doch nicht jeder Honig ist brauchbar. Am besten eignen sich Blütenhonige, die nicht sofort auskristallisieren. Auf „Zementhonig" kann der Bien nicht überwintern, da zum Lösen viel Wasser und Energie benötigt wird. Außerdem sind die Honigtauhonige – egal, ob flüssig oder fest – wegen ihres hohen Mineralstoffgehalts als Winterfutter nicht geeignet. Sie belasten den Darm der Bienen und führen zu starkem Durchfall, was meist mit dem Tod des Biens endet. In bereits eingewinterten bzw. ausgefütterten Völkern ist dies weniger von Bedeutung, da die eingetragenen geringen Mengen schnell verbraucht werden und nicht als Winterreserve dienen. Ist die Auffütterung noch nicht erfolgt oder abgeschlossen, sollte man die entsprechenden Waben entnehmen und ausschleudern oder ersetzen.

Wir arbeiten nach dem Prinzip, dass alles im Honigraum uns und im Brutraum dem Bien gehört.

MIT FÜTTERUNG ÜBER DAS WOHL DES BIENS ENTSCHEIDEN

Der Futterbedarf muss dem Standort und der Betriebsweise angepasst werden. Als Faustregel sollten jedem Bien mindestens 15 bis 20 kg Winterfutter zur Verfügung stehen. Vor allem die Art und Qualität des Futters sind für das Wohl des Biens von Bedeutung. Futterteige sind wenig attraktiv und werden langsam abgenommen. Sie sind daher besonders für die Fütterung einzelner, schlecht versorgter Völker geeignet, da dies Nachbarvölker selten zu Räuberei animiert. Bei Futter mit höherem Wasseranteil werden zunächst mehr Zellen belegt und dadurch das Brutnest eingeschränkt. Besser füttert man daher in kleineren Portionen und in geringerer Verdünnung. Eine Mischung von drei Teilen Zucker zu zwei Teilen Wasser hat sich gut bewährt.

Zuckersirupe haben einen noch höheren Zuckeranteil. Sie eignen sich besonders für die späte Einfütterung, da sie schnell und ohne großen zusätzlichen Aufwand von den Bienen verarbeitet werden. Stärkesirupe sind Ersatzfutter, die zwar kostengünstiger sind, aber vereinzelt auch zu Ruhr und Kristallisation geführt haben. Wenn überhaupt, sollte man zunächst mit wenigen Völkern selbst Erfahrung sammeln. Auch wenn „Geiz geil" sein sollte, darf man nur als Bienenfutter ausgewiesene Ware kaufen, denn in anderer können die Zuckerarten stark schwanken und eine schnelle Kristallisation zum Desaster führen. Am Ende kommt es darauf an, das Winterfutter den Völkern so zu verabreichen, dass es die Bienen wenig stört und zu keiner Räuberei führt ➔ Räuberei verhindern, S. 54.

Futter kann man entweder selbst mischen oder fertig im Handel kaufen.

GESUNDHEITSÜBERWACHUNG

BIENENFLUG BEOBACHTEN

- Regelmäßig Bienenflug beobachten.

TOTENFALL VOR NESTEINGANG ÜBERWACHEN

- Kurzlebige Sommerbienen sterben vermehrt.
- Die meisten Bienen sterben weit entfernt vom Nest.
- Als Nebenwirkung von Varroaziden sterben Bienen.
- Missgebildete Bienen bei hoher Varroa-Virus-Infektion.
- Krabbler und hüpfende Bienen können auf Chronische Paralyse, Nosemose oder eine Vergiftung hinweisen.

VERDACHT AUF VERGIFTUNG ÜBERPRÜFEN

Bei akuten Vergiftungen kommt es zu auffälligen Erscheinungen:

- Viele bis massenhaft tote Bienen.
- Kämpfe am Flugloch.
- Schwarze (nasse) Bienen.
- Bienen mit ausgestrecktem Rüssel.
- Hoher Verlust an Flugbienen (Kahlfliegen).

AUF VERÄNDERTE BRUT ACHTEN

Beim Blick in das Brutnest sollte man sich die Brut genau ansehen:

- Auf lückige Brutflächen achten.
- Veränderungen am Zelldeckel und in der Brutzelle überprüfen.
- Bei Auffälligkeiten Streichholztest durchführen.
- Fadenziehende braune Masse deutet auf Ausbruch der Amerikanischen Faulbrut hin.
- Bereits der Verdacht des Ausbruchs ist anzuzeigen.
- Befall der Brut mit Varroamilben bestimmen.

BEFALL MIT VARROAMILBEN ERKENNEN UND HANDELN

➜ Befall mit Varroamilben erkennen, S. 118

Natürlichen Milbenabfall ermitteln:

- über 10 Milben/Tag: dringend.

Befall der Bienen bestimmen:

- unter 2 % Befall: später möglich,
- 2 bis 5 % Befall: möglichst bald,
- über 5 % Befall: sofort.

Die Zahlen gelten als Anhaltspunkte.

MASSNAHMEN DER GESUNDERHALTUNG

Im Spätsommer beginnt die Aufzucht der Winterbienen. Um deren Gesundheit und Langlebigkeit nicht zu gefährden, sollte der Varroabefall möglichst niedrig sein. Dort, wo die Tanne oder Heide „honigt“, wird man noch warten wollen. Hier steht die schwierige Entscheidung an, abzuschleudern oder weiter die Tracht zu nutzen. Die Entscheidung sollte auf Grundlage des Milbenbefalls getroffen werden.

VARROABEHANDLUNG FESTLEGEN

➜ Befall mit Varroamilben erkennen, S. 129

Nach Trachtende und der Abnahme des Honigraums möglichst mit Medikamenten behandeln ➜ Tabelle, S. 131.

- Nur Medikamente mit Langzeitwirkung oder die in die Brutzelle hinein wirken verwenden: Ameisensäure, Thymol.

Die vollständige Brutentnahme ist jetzt kritisch und sollte nur durchgeführt werden, wenn eine längere Läppertrachten in Aussicht besteht ➜ Frühsommer, S. 88.

- Bien in Flugling und Brutling aufteilen.
- Bei hohem Befall Brutwaben besser vernichten.

ZWISCHEN VARROABEHANDLUNG UND SPÄTTRACHT ENTSCHEIDEN

Mit jedem Tag, den man die Behandlung hinausschiebt, schlüpfen mehr geschädigte Bienen. Damit gefährdet man die Überlebenschance des Biens im Winter, aber auch seine Entwicklung im nächsten Frühjahr.

Damit diese ohne Parasiten aufwachsen, ist nach Abnahme des Honigraums, aber spätestens jetzt die Behandlung der Varroa-Virus-Infektion mit Medikamenten fällig.

Auch wenn Ameisensäure wegen ihrer Nebenwirkungen von den Honigbienen nicht so gut vertragen wird, ist es momentan von allen zugelassenen Medikamenten für diese Jahreszeit am besten geeignet ➜ S. 131. Für eine Behandlung mit dem Wirkstoff Thymol ist es nämlich bereits zu spät, da die Wirkung erst nach zwei bis drei Wochen einsetzt und die Behandlung insgesamt sechs bis acht Wochen dauert. Damit würden zu lange mit Milben befallene Winterbienen aufwachsen. Mit 60%iger Ameisensäure kann man recht schnell die auf den Bienen parasitierenden und in den nächsten 21 bis 24 Tagen mit der Brut schlüpfenden Milben abtöten. Im Bien sollte bis zur nächsten Behandlung im Winter die Zahl von 500 Milben nicht mehr überschritten werden.

ARBEITEN AM BIENENSTAND

Der Sommer neigt sich nun dem Ende zu. Dort, wo keine Tracht mehr besteht, muss man mit Räuberei rechnen. Besonders kritisch ist die Situation, wenn man zur Waldtracht aufgewandert ist, da diese nach einem Wetterwechsel schnell beendet sein kann. Aber auch bei der Behandlung der Varroose kann es Probleme mit Räuberei geben, wenn der spezifische Stockgeruch der einzelnen Völker verloren geht. Besonders kritisch ist die Zeit, wenn die Völker für den Winter aufgefüttert werden.

RÄUBEREI VERMEIDEN

Wie schon bei der Honigernte füttert man am besten am Abend, damit sich die Bienen im Falle einer Räuberei wieder beruhigen können. Das Flugloch wird am besten eingeengt, damit auch schwächere Völker Eindringlinge besser abwehren können. Das gilt vor allem für Ableger, die man sowieso besser auf einem getrennten Stand hält.

Aber auch nicht vollständig schließende Zargen sind jetzt kritisch. Hier hilft im Notfall schnell ein Klebeband oder feuchte Erde, besser noch Lehm. Das Futter aus Zuckerwasser oder Invertsirup selbst riecht im Gegensatz zu Honig nicht. Statt den Honig zu füttern, ist es sowieso besser, den Honiganteil des Winterfutters von vornherein im Volk zu belassen oder als Futterwabe zuzugeben. Futterteig führt nur selten zur Räuberei, ist allerdings nur zur frühen Einwinterung geeignet. Selbstverständlich sollte man immer sauber arbeiten, nichts offen stehenlassen und verkleckern. Ist es doch passiert, am besten alles mit viel Wasser wegspülen.

Überall wo Futter und Honig hingetröpfelt ist, sind sofort Bienen zum Aufschlecken da. Wenn sie dies im Stock weitermelden, kommt es zur Räuberei.

ARBEITEN IM BIENENGARTEN

Im Garten steht die Ernte von Früchten an. Jetzt ist auch die Zeit, um die Blütenpracht und damit die Nahrung der Bienen für das nächste Jahr vorzubereiten. So kann man Samen von den verblühten Pflanzen sammeln und Wurzelstöcke von großen Stauden teilen. Aber auch manche Trachtpflanzen benötigen jetzt Pflege, damit sie im nächsten Jahr wieder prächtig blühen. Manche schneiden beim Sommerflieder jetzt Verblühtes heraus. Besser lässt man die Samenstände für Vögel und zum Aussamen an der Pflanze.

VOM FUTTER UND FÜTTERN

Für den Bien stellt wie bei allen Lebewesen Nahrungsmangel eine extreme Notsituation dar. Nur wenige Standorte bieten das ganze Jahr über hinreichend Futter. Aber auch manche Trachtquellen sind nicht ergiebig genug, um den Bien ausreichend zu versorgen.

FUTTERMANGEL IST EINE NOTSITUATION

Zusätzlich können mehr oder minder lange Schlechtwetterperioden, extreme Trockenheit, aber auch klimatisch bedingte Verschiebungen der Blühzeiten zu Futterknappheit fuhren ➜ Klimaveränderungen und Bienen, S. 16. Für wildlebende Bienenvölker bedeutet dies in der Regel den Tod. Bei den unter der Obhut der Imker*innen stehenden Völkern kann das zwar ausgeglichen werden, aber auch sie können zu einer Notsituation beitragen. Häufig kommt es dazu, wenn sämtlicher Honig abgeerntet wurde und keine oder keine ausreichende Tracht herrscht.

Auch nach einer Räuberei kann Nahrungsmangel entstehen. Besonders gefährdet sind Völker in trachtlosen Perioden, aber auch, wenn sie schwach oder durch die Varroa-Virus-Infektion geschädigt sind und ihren Wächterdienst vernachlässigen. Doch auch im ausgehenden Winter oder Vorfrühling kann es dazu kommen, wenn das Winterfutter zu knapp bemessen war. Die Auslöser sind häufig milde Winter oder Kälterückschläge im Vorfrühling, wenn bereits verstärkt Brut aufgezogen wird.

Gleichbleibende niedrige Temperaturen sind im Winter oder Vorfrühling für ein Bienenvolk dagegen eher unkritisch. Futtermangel erkennt man als Erstes an den schwindenden Futterkränzen um die Brutbezirke und schließlich an den Bienenlarven, die nicht mehr üppig im Futtersaft schwimmen. Dieser Mangel kann später selbst bei einer noch so guten Versorgung nicht mehr aufgeholt werden. Die aus derartiger Brut schlüpfenden Bienen sind kurzlebiger und anfälliger für Krankheiten.

FUTTERMANGEL KANN MAN VERMEIDEN

Die meisten Notsituationen bei der Versorgung mit Futter kann man vermeiden, wenn man ausreichend für den Winter füttert. 15 bis 20 kg Trockenmasse sollte es für ein normal starkes Volk sein, das variiert aber mit Betriebsweise und Bedingungen am Standort. Besser mehr füttern und überschüssige Futterwaben im Erstfrühling entnehmen. Diese kann man später für Notfälle, aber auch für Jungvölker verwenden. Aber auch während der Saison muss man

Die jüngeren Larven sollten immer gut im Futter schwimmen. Erst wenn sie die Zelle ganz einnehmen, beginnen sie sich einzuspinnen.

die Trachtsituation am Standort und die Futtervorräte im Volk ständig im Blick haben. Bienenvölker irgendwo hinzustellen und sie dann sich selbst zu überlassen, ist mit dem Tierwohl nicht zu vereinbaren. Wer aber wiederholt notfüttern muss, sollte die verwendete Betriebsweise und den Standort kritisch prüfen.

WIE MAN AM BESTEN FÜTTERT

Im Winter oder Vorfrühling, wenn die Futtervorräte knapp werden sollten, kann man eine Futterwabe direkt an den Bienensitz hängen. Dort kann es von den Bienen am besten abgenommen werden und da man die Waben nicht auseinanderreißen muss, wird die Wintertraube wenig gestört. Wenn es bereits etwas wärmer ist, kann man auch eine Futtertasche mit Flüssigfutter dorthin hängen. Diese sollte man aber so bald wie möglich entfernen, da sie wie ein Schied den Nestbau im weiteren Frühjahr unterbricht. Wenn sich die Bienen bei höheren Temperaturen bereits überall im Nest aufhalten, kann man sie auch ganz außen an den Rand hängen.

Bei manchen Beuten mit hohem Boden befindet sich der Futtertrog direkt unter dem Bienensitz. Hier kann nur festes Futter oder Maische gegeben werden, da es sonst leicht zu Räuberei kommt. Allerdings wird das Futter durch herabfallendes Gemüll schnell verunreinigt. Günstiger ist ein Futtertrog oder Gefäß über den Oberträgern. Wenn er offen zugänglich ist, erleichtert die aus dem Brutnest aufsteigende Wärme die Aufnahme des Futters bei niedrigen Umgebungstemperaturen. Mit jedem Öffnen der Beute geht allerdings viel Wärme aus dem Nest verloren. Auch ist das Futter dann von außen zugänglich und löst schnell Räuberei aus. Dies kann man mit einem geschlossenen Futtereimer mit Sieb verhindern. Der braucht aber viel Platz und eine zusätzliche Zarge, über die ebenfalls viel Wärme verloren geht.

Besser, aber auch etwas kostspieliger, sind geschlossene Tröge, die von den Bienen über einen inneren Aufstieg erreicht werden. Hier kann man jederzeit ohne Kontakt mit den Bienen und der Gefahr von Räuberei füttern. Vor allem müssen nicht wie bei offenen Trögen Schwimmer z.B. aus Kork verwendet werden, damit die Bienen nicht im Futter ertrinken. Aber auch in festem Futter können die Bienen leicht verkleben. Wenn man Futterteige oder kristallisierten Honig offen auf den Oberträgern anbietet, legt man deshalb besser eine Folie darunter und darüber, so dass die Bienen das Futter seitlich entnehmen können.

Beim geschlossenen Futtertrog kann man jederzeit ohne Gefahr von Räuberei und Abkühlung füttern, da die Bienen innen aufsteigen.

BEI DER FUTTERWAHL NICHT KNAUSERN

Ans Brutnest zugehängte Futterwaben haben den Vorteil, dass das Futter direkt verbraucht werden kann. Dies ist bei schwachen Völkern oder im Winter besonders günstig. Die Fütterung von Honig hat den Vorteil, dass man auch danach noch Honig ernten kann. Doch Vorsicht, unbrauchbarer Honig darf nicht auf diese Weise entsorgt werden! So können die Hefen aus vergorenem Honig in die geschleuderte Ernte gelangen. Aber auch als Bienenfutter sind sie wie auch das Hydroxymethylfurfural (HMF) in überhitztem Honig schädlich.

Waben mit Zementhonig eignen sich als schnelles Futter erst im späten Frühjahr und Sommer, da für die Verarbeitung viel Wasser benötigt wird. Deshalb werden auch Futterteige nur langsam abgenommen. Dafür ist die Gefahr von Räuberei bei ihnen am geringsten, weshalb sie für das Füttern einzelner Völker am Stand am besten geeignet sind. Am häufigsten wird in Wasser gelöste Saccharose gefüttert. Hier richten sich die Mischungsverhältnisse nach dem Zweck: Während des Eintragens von Zementhonig sollte es dünnflüssig sein (1:1), als Winterfutter dagegen eher dick (3:2). Invertzucker hat mit bis zu 73 % einen sehr hohen Zuckeranteil und eignet sich deshalb besonders gut, wenn man ganz spät mit der Einwinterung dran ist oder möglichst ohne zusätzliche Arbeit für sich und die Bienen füttern möchte. Auf jeden Fall darf keines dieser künstlichen Futter in die Ernte gelangen, weshalb anschließend kein Honig im gleichen Jahr mehr entnommen werden darf bzw. überschüssiges Futter vor der ersten Tracht entfernt werden muss.

Bleibt am Ende noch die Frage, ob man jeden angebotenen Sirup als Bienenfutter verwenden darf. Bei der Honigernte hat man dem Bien ein qualitativ hochwertiges Futter entnommen. Da sollte man auch beim Ersatz nicht knausern. Das billigste ist da nur selten auch gut genug. Als Bienenfutter ausgewiesene Ware bietet die Gewähr, dass es auch für Bienen geeignet ist. Irgendwelcher Sirup kann so ungünstig zusammengesetzt sein, dass er in den Waben auskristallisiert und der Bien im Winter verhungert. Auch sonstiges günstig erworbenes Futter kann Rückstände enthalten, die in den Honig gelangen und oft auch dem Bien schaden. Hier hat man eine besondere Verantwortung gegenüber dem Bien, aber auch den Verbraucher*innen.

Futterteig eignet sich besonders, wenn einzelne Völker gefüttert werden müssen, da es selten zur Räuberei kommt. Damit die Bienen nicht verkleben, sollte man eine Folie unterlegen.

VIROSEN

Nicht alle Virosen werden nach derzeitigem Kenntnisstand von der Varroamilbe übertragen. Allerdings schädigen sie vor allem bereits geschwächte Völker.

SACKBRUT

Sackbrut war früher typisch bei nicht ausreichend mit Futter versorgten Völkern, tritt heute aber auch in sonst unauffälligen Völkern auf.

AUFFÄLLIGKEITEN VOR DEM VOLK

- Bei infizierten Bienen kommt es zu erhöhtem Totenfall.

SYMPTOME IM VOLK

- Die infizierten Larven zersetzen sich.
- Haut von Streckmade und Puppe werden von einer klaren Flüssigkeit getrennt.
- Beim Herausziehen entsteht ein sackförmiges Gebilde.

URSACHEN

- Das Sackbrut-Virus (SBV) kann nur molekulargenetisch im Labor nachgewiesen werden.
- Die Infektion erfolgt bei zweitägigen Larven.
- Im Frühling kommt es häufig zum Ausbruch, weniger im Sommer und selten im Herbst.
- Einer der Auslöser für die Infektion ist Futtermangel.

VERWECHSLUNG

- Einzelne Stadien ähneln den Symptomen des Schwarze-Königinnenzellen-Virus.

AUSBREITUNG

- Die Übertragung erfolgt über Futtersaft.
- Die Krankheit ist meist auf wenige Völker beschränkt.

BEKÄMPFUNG

- Meist kommt es zur Selbstheilung.
- Am besten sorgt man für eine gute Futterversorgung.

VORBEUGUNG

- Eine genetische Disposition ist möglich.

Sackbrut zeigt sich an der typischen Form der Brut, wenn sie herausgezogen wird.

CHRONISCHE PARALYSE

Die Chronische Paralyse tritt seit einigen Jahren häufig im Sommer auch in mit wenigen Varroamilben befallenen Völkern und abseits der Honigtautrachten auf.

AUFFÄLLIGKEITEN VOR DEM VOLK

- 5–6 Tage nach Ausbruch krabbeln und hüpfen zitternde Bienen am Boden vor dem Flugloch.
- Wegen des Haarverlusts erscheinen viele schwarz glänzend.
- Einige haben die Flügel abgespreizt.
- Andere mit aufgeblähtem Hinterleib koten ab.
- Zwischen ihnen und den Wächterbienen kommt es zu Kämpfen.
- 8–15 Tage nach Ausbruch tritt verstärkter Totenfall auf.

SYMPTOME IM VOLK

- Auf den Oberträgern sitzen zitternde Bienen.

URSACHEN

- Das Chronische-Bienenparalyse-Virus (CBPV) kann nur molekulargenetisch im Labor nachgewiesen werden.
- Infektionsträger sind Ei, Larve, Puppen und Adulte.
- Häufig kommt es im Frühling und Sommer zum Ausbruch, selten im Herbst.

VERWECHSLUNG

- Ähnliche Symptome treten vor dem Volk bei Vergiftungen auf.

AUSBREITUNG

- Die Chronische Paralyse ist meist auf wenige Völker beschränkt.
- Sie breitet sich über Futter und Kontakt aus.
- Zu versteckten Infektionen ohne Symptome kommt es bei weniger als 10 Millionen Virus-Partikeln.
- Ab 10 Millionen Virus-Partikeln bricht die Krankheit aus.

BEKÄMPFUNG

- In sehr vielen Fällen kommt es zu einer Selbstheilung.
- Für ausreichend Nachschub von jungen Bienen sorgen.

VORBEUGUNG

- Eine genetische Disposition ist möglich.
- Alles, was den Bien anfälliger macht, erhöht das Risiko der Infektion.

Zitternde, manchmal bereits schwarze Bienen mit teilweise verdrehten Flügeln weisen auf den Oberträgern auf Chronische Paralyse hin.

FRÜHHERBST

Kurz und bündig

- Die Jahreszeit beginnt mit der Fruchtreife des Schwarzen Holunders ➜ links.
- Neophyten bringen späten Pollen und Nektar.
- Bienenvölker winterfertig machen.
- Volksstärke und Futtervorräte für die letzte Fütterung abschätzen.
- Varroa-Virus-Infektion, wenn notwendig, nochmals behandeln.
- Bienen sind Hornissen und anderen Wespen nicht wehrlos ausgeliefert.

FRÜHHERBST: POLLEN UND NEKTAR VON NEOPHYTEN

Am 23. September fängt mit der Tag-und-Nacht-Gleiche bei uns astronomisch der Herbst an. Der phänologische Frühherbst beginnt im Deutschland im Durchschnitt Ende August. Im Süden kann er allerdings schon ein bis zwei Wochen früher und an den Küsten später beginnen. Die Zeigerpflanze ist die Fruchtreife des Schwarzen Holunders. Im Frühherbst sind die Böden und das Wasser noch warm und daher die Temperaturen von Land und Wasser noch ausgeglichen, sodass es oft zu stabilen Hochdruckgebieten kommt. Dieses auch anderswo bekannte Phänomen bezeichnet man bei uns oft als „Altweibersommer". Dieser Begriff stammt aus dem Althochdeutschen: Mit „weiben" ist das Knüpfen von Spinnweben gemeint, die im Morgentau in dieser Jahreszeit besonders auffallen.

In dieser Jahreszeit kann in bestimmten Regionen die Heide noch Honig bringen und auch die Tanne liefert in manchen Jahren noch Honigtau. Neben den wenigen heimischen Trachtpflanzen treten verstärkt neue von anderen Kontinenten eingeführte Pflanzen, die Neophyten, auf. Die Späte oder Große Goldrute wurde vor mehr als 100 Jahren aus Nordamerika bei uns eingeschleppt. Sie ist eine typische Ruderalpflanze und daher sehr anspruchslos. Wegen ihrer guten Anpassungsfähigkeit ist sie in manchen Biotopen zum Problem für heimische Pflanzen geworden. Dies kann sich mit dem Klimawandel weiter verstärken.

Ebenfalls aus Nordamerika stammt die Durchwachsene Silphie. Sie gilt in der Landwirtschaft als Energiepflanze, mit der der Maisanbau reduziert und den Honigbienen und anderen Insekten neue Nahrungsquellen geschaffen werden sollen. Zwar wird die Silphie von den Honigbienen beflogen, aber ihr Honig ist sehr wasserhaltig und kaum zu ernten. Allerdings bringt sie „Läppertrachten" und eine gute Pollenversorgung, zumindest auf bestimmten Böden. Diese späten Trachten werden allerdings im Zusammenhang mit der Vermehrung der Varroamilbe und der Gesundheit der Bienen zunehmend kritisch gesehen.

TRACHTPFLANZEN

WILDPFLANZEN

Herbstzeitlose (*Colchicum autumnale*): Bis 30 cm hohe Pflanze auf feuchten Wiesen und Auen (N2/P2).

Kanadische Goldrute (*Solidago canadensis*): Bis zwei Meter hohe Pflanze, ein verbreiteter Neophyt an Ufern, Wegen und auf Ödland (N2/P3).

Gewöhnliche Kratzdistel (*Cirsium vulgare*): Bis zwei Meter hohe Pflanze an Wegen und auf Äckern (N0/P2).

Die folgenden Pflanzen werden mit Werten für Nektar (N) und Pollen (P) angegeben:
1 = gering
2 = mittel
3 = gut
4 = sehr gut.

Seit dem ➜ Spätsommer blüht noch:

- **Echter Lavendel** (*Lavandula angustifolia*) (N3/P1)
- **Efeu** (*Hedera helix*) (N3/P3)
- **Gewöhnlicher Liguster** (*Ligustrum vulgare*) (N3/P3)
- **Heidekraut, Besenheide** (*Caluna vulgaris*) (N3/P3)

Seit dem ➜ Hochsommer blüht noch:

- **Brombeere** (*Rubus fruticosus*) (N3/P3)
- **Weißer Steinklee** (*Melilotus albus*) (N4/P3)

Seit dem ➜ Frühsommer blüht noch:

- **Echter Thymian** (*Thymus* spp.) (N3/P2)

NUTZPFLANZEN

Seit dem ➔ Hochsommer blüht noch:
- **Durchwachsene Silphie** (*Silphium perfoliatum*) (N2/P2)
- **Phacelia, Büschelschön** (*Phacelia tanacetifolia*) (N4/P3)
- **Saat-Luzerne** (*Medicago sativa*) (N3/P1)
- **Drüsiges Springkraut** (*Impatiens glandulifera*) (N2/P2)
- **Weißer Senf** (*Sinapis alba*) (N2/P3)

Seit dem ➔ Spätsommer blüht noch:
- **Echter Buchweizen, Heidekorn** (*Fagopyrum esculentum*) (N4/P3)
- **Sonnenblume** (*Helianthus annuus*) (N3/P3)

Topinambur oder **Erdbirne** (*Helianthus tuberosus*) (N2/P2): Eine bis drei Meter hohe krautige Pflanze, die als Wurzelgemüse verwendet wird.

VORGÄNGE IM BIENENVOLK

Neben dem Brutgeschäft geht im Frühherbst auch die Volksstärke zurück. Jetzt schlüpfen fast nur noch die langlebigeren Winterbienen.

ZUM ÜBERWINTERN BRAUCHT ES BIENEN UND VORRÄTE

Der Umfang des Brütens hängt aber auch davon ab, ob das Ziel des Biens, mit etwa 10 000 Bienen zu überwintern, bereits erreicht ist. Wenn nicht, werden die Aktivitäten zur Vermehrung gesteigert. Der Wintervorrat ist mit den letzten Spätblühern oder von den Imker*innen wieder aufgefüllt. Alles wird vermieden, was nicht mehr notwendig ist und Vorräte verbraucht. Deshalb werden, wenn überhaupt, nur noch in ganz wenigen Völkern Drohnen geduldet. Auch der Wabenbau hat ein Ende. Nun wird vor allem Propolis zum Abdichten von Ritzen und Fugen benötigt.

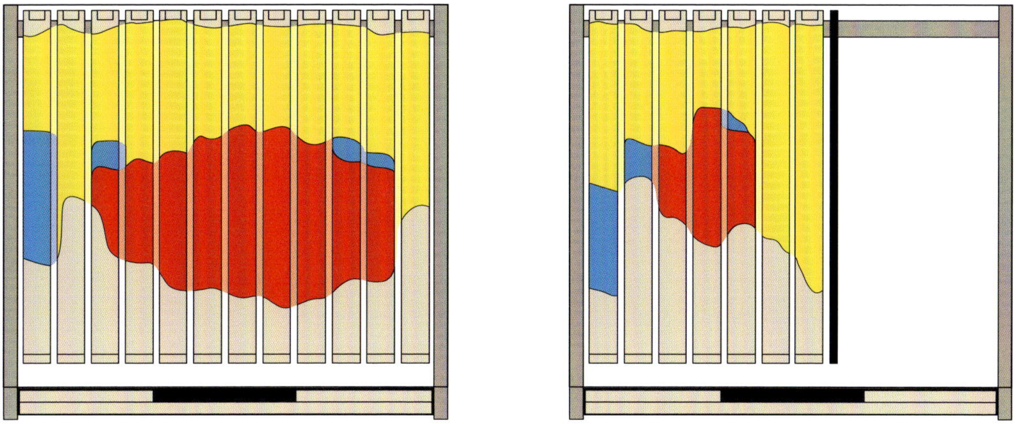

Bienenvolk im Dadant-Brutraum. Rot = Brut, gelb = Honig, blau = Pollen (rechts Jungvolk).

Das sollte man wissen

- Nur noch wenige Völker lassen Drohnen zu.
- Winterbienen werden weiter aufgezogen.
- Es kommt schnell zur Räuberei und Übertragung von Krankheiten.
- Die Vermehrung der Varroamilben und die Zahl der mit Viren infizierten Bienen nähern sich dem Höchststand.
- Symptome von Brutkrankheiten werden im Nest deutlich sichtbar.
- Im Nest vermehrt sich *Nosema ceranae* und in den langlebigen Winterbienen auch *Nosema apis*.
- Adulte Kleine Beutenkäfer und Larven können in schwach besetzten Beuten sichtbar werden, aber auch Honiglager zerstören (bei uns noch nicht gefunden).

DAS IST ZU TUN

ARBEITEN AM VOLK

- Brutnest möglichst unverändert lassen.
- Die Brutwaben auf Entwicklung und Krankheiten kontrollieren.
- Futtervorräte schätzen: 1 dm² auf jeder Seite einer Wabe entsprechen 350 g Futtervorräten.
- Jede volle DN-Wabe enthält 1,7 kg Futter, Zanderwabe 2,0 kg und Dadantwabe 3,5 kg.
- Völker wiegen und anhand einer Leerbeute die Futtervorräte berechnen.
- Zur Einwinterung je nach Volksstärke auf mindestens 15 kg bis 20 kg auffüttern.

- Volksstärke für Überwinterung anhand der Anzahl Bienen je voll besetzter Wabenseite abschätzen: Dadant 1400; DN 900, Zander 1 000 Honigbienen.
- Anhand der Volkstärke über weiteres Vorgehen entscheiden:
  - Über 10 000: ausreichend.
  - 5000 bis 10 000: problematisch.
  - Unter 5 000: vereinigen.
  - Sehr schwache oder kranke Völker durch Abfegen oder Abtöten auflösen.

ARBEITEN AM BIENENVOLK

In Spättrachtgebieten von Weißtanne und Heide kann es um diese Zeit noch mal hektisch werden, denn nun stehen innerhalb einer kurzen Abfolge Ernte, Behandlung und Auffüttern für den Winter an.

EINWINTERUNG ABSCHLIESSEN

Aber auch anderswo müssen die Arbeiten für die Einwinterung am Bienenstand abgeschlossen werden. So sollte nochmals kontrolliert werden, ob das Winterfutter ausreicht. Bei Bedarf kann jetzt noch nachgefüttert werden. Auch eine erneute Behandlung der Varroa-Virus-Infektion kann in manchen Völkern notwendig sein.
Zum Ende des Frühherbstes sollten alle Völker winterfertig sein, also insgesamt nicht mehr als 500 Milben, etwa 15 bis 20 kg Futtervorräte (Ableger 12 kg) und nicht weniger als 10 000 Bienen enthalten. Unter 5 000 Bienen sollte man auf jeden Fall vereinigen und auch sonst lieber stärker als schwächer einwintern. Weisellosigkeit kann man jetzt nicht mehr beheben, außer es schlummert noch irgendwo Ersatz in einem Ableger oder Begattungskästchen. Sonst vereinigt man auch hier oder löst, wenn es denn sein muss, die Völker auf. Denn sonst sind sie das Ziel von Räuberei oder von Wespen.

An den besetzen Wabengassen allein kann man nur sehr grob die Volkstärke abschätzen.

VOLKSTÄRKE UND FUTTERVORRAT ABSCHÄTZEN

Um die genaue Zahl der Bienen im Bienenvolk zu bestimmen, müsste man sie abklopfen und wiegen, was aber wegen der entstehenden Unruhe nicht in Betracht kommt. Man kann auch einen Blick in die Wabengassen werfen. Die vollständig mit Bienen gefüllten enthalten bei Dadant- 2800, Zander- 2000 und Deutsch-Normal-Maß (DN) 1800 Bienen. Doch Vorsicht, der Blick von oben allein reicht nicht. Nur wenn oben und unten Bienen zu sehen sind, ist sie auch gefüllt. Um sich ein besseres Bild zu machen, kann man auch eine Wabe herausnehmen und die Zahl der Bienen entsprechend korrigieren. Diese Methode eignet sich aber nur zur groben Schätzung und hilft höchstens, um einen zeitlichen Verlauf festzustellen. Besser man schätzt die Bienen auf der jeder Wabenseite.

Zur besseren Übersicht teilt man ein Rähmchen mit Gummibändern in sechs Sektoren, in denen man Bienenzahl oder Futter einfach bestimmen kann.

Um einen besseren Überblick zu haben, spannt man auf einem Leerrähmchen mit einer Kordel oder einfach mit Gummibändern sechs gleichgroße Abschnitte ab ➜ Bild. Dieses kann man nun als Schablone über die herausgenommene Wabe legen. In jedem vollständig mit Bienen gefülltem Abschnitt sind bei Deutsch-Normal 112, bei Zander 125 und bei Dadant 175 Bienen. Wenn man zu viel Rauch gegeben hat oder die Bienen unruhig sind, findet man weniger und bei tiefen Temperauren mehr Bienen im Abschnitt. Bei nicht vollständig belegten Abschnitten erfasst man den Anteil nach ¾, ½, ¼ und rechnet entsprechend um.

Schon nach kurzer Übung braucht man keine Schablone mehr und bald reicht schon ein kurzer Blick für eine grobe Schätzung. In gleicher Weise kann man auch die Futtervorräte abschätzen. Jeder Abschnitt repräsentiert 110 g Futter bei Deutsch-Normal-, 125 g bei Zander- und 175 g bei Dadant-Maß.

Wenn man die Völker nicht mehr auseinandernehmen möchte, kann man sie natürlich auch wiegen. Dazu reicht eine einfache Kofferwaage aus. Am besten stellt man sich eine ähnliche Beute mit Waben, aber ohne Bienen zusammen, um das Grundgewicht zu ermitteln. Am Ende rechnet pro 1000 Bienen 100 Gramm hinzu. Dies hat den Vorteil, dass man auch noch später nachwiegen kann, um den Futterverbrauch zu bestimmen.

Am einfachsten wiegt man die Bienenvölker mit einer Zug- oder Kofferwaage.

GESUNDHEITSÜBERWACHUNG

BIENENFLUG BEOBACHTEN

- Regelmäßig Bienenflug, Sammeln von Pollen und Nektar beobachten.

TOTENFALL VOR NESTEINGANG ÜBERWACHEN

- Kurzlebige Sommerbienen sterben vermehrt.
- Die meisten Bienen sterben weit entfernt vom Nest.
- Als Nebenwirkung von Varroaziden sterben Bienen vor und im Nest.
- Missgebildete Bienen treten vor allem bei einer hohen Varroa-Virus-Infektion auf.
- Krabbler und hüpfende Bienen können auf Chronische Paralyse, Nosemose oder eine Vergiftung hinweisen.

VERDACHT AUF VERGIFTUNG ÜBERPRÜFEN

- Eher unwahrscheinlich.

AUF VERÄNDERTE BRUT ACHTEN

Wenn man in das Brutnest schaut, sollte man sich die Brut genau ansehen:

- Auf lückige Brutflächen achten.
- Veränderungen am Zelldeckel und in der Brutzelle überprüfen.
- Bei Verdacht Streichholzprobe durchführen.
- Befall der Brut mit Varroamilben bestimmen.

BEFALL MIT VARROAMILBEN ERKENNEN UND HANDELN

➜ Befall mit Varroamilben erkennen, S. 129

Befall der Bienen bestimmen:

- unter 3 % Befall: noch ungefährdet
- 3 bis 5 % Befall: gefährdet
- über 5 % Befall: stark gefährdet

Die Zahlen gelten als Anhaltspunkte, um die Entscheidung zu erleichtern.

MASSNAHMEN DER GESUNDERHALTUNG

VARROABEHANDLUNG FESTLEGEN

➔ Befall mit Varroamilben erkennen, S. 129

Nochmals Varroabefall kontrollieren:

- Nur Medikamente mit Langzeitwirkung oder solche, die in die Brutzelle hineinwirken, verwenden.
- Bei Therapienotstand 85%ige Ameisensäure verschreiben lassen.
- Bei hohem Befall Brutwaben eher vernichten, um Infektionsdruck vom Bienenstand zu nehmen.
- Eventuell sehr stark befallene Völker isoliert aufstellen oder abtöten.

ARBEITEN AM BIENENSTAND

Wenn nochmals Honig anfällt, ist man weiter mit Honigernte, Einwinterung und Varroabehandlung beschäftigt. Sonst bereitet man den Bienenstand für den kommenden Winter vor. Die Wespenkolonien haben in dieser Jahreszeit ihren Höhepunkt erreicht. Für die Aufzucht der Nachkommen wird viel „Fleisch“ benötigt. Man sieht sie immer wieder Bienen am Flugloch abfangen.

Heimische Hornissen (*Vespa crabro*) werden nur selten zum Problem. Ihnen gelingt es meistens, nur die älteren und schwächeren Bienen im Flug abzufangen.

ABWEHR VON WESPEN ERLEICHTERN

Viele sehen in Wespen einen großen Feind der Bienen. Dabei wird vergessen, dass sie nur selten wirklich zum ernsthaften Problem für den Bien werden. Schließlich sind sie auch Nützlinge, da vor allem Schädlinge auf ihrem Speiseplan stehen. Man sollte daher nicht gleich zu radikalen Mitteln greifen und die Nester ausräuchern oder die Wespen mit Fallen abfangen. Hier wird zu viel wertvoller „Beifang" vernichtet. Zudem sind einige Wespenarten wie die heimischen Hornissen geschützt. Besser versucht man ihnen das Fangen von Bienen zu erschweren.

Das Einengen des Fluglochs ist die erste Maßnahme → Arbeiten an Bienenvölkern im Frühherbst, S. 156. Wespen versuchen die Bienen beim An- und Abflug zu erwischen. Hornissen erledigen dies im Parallelflug. Noch geschickter ist die aus Asien eingeschleppte Hornisse *Vespa velutina nigrithorax*, die sich zunehmend in Europa und auch in Deutschland verbreitet. Hier können zusätzliche Schutzmaßnahmen notwendig sein. So kann man dem Bienenvolk die Abwehr erleichtern, indem man vor dem Flugloch Lochblenden („Kämme") anbringt, durch die die Bienen nur einzeln und Wespen nicht unkontrolliert hindurch können. Wir haben vor unseren Bienenkästen Weinstöcke gepflanzt. Bienen lernen als Baumbewohner schnell, durch den Blätterwald den Weg zum Nesteingang zu finden. Hornissen haben es dagegen schwerer, die während des An- und Abflugs mehr geschützt fliegenden Bienen zu ergreifen.

Die aus Asien stammende *Vespa velutina nigrithorax* fällt durch ihre überwiegend schwarze Färbung und den rotbraun-orangenen Kopf auf. Man findet sie auch auf Fallobst wie Äpfeln. Foto: Eric Darrouzet

In Frankreich und Italien erleichtert man mit kleinen Flugöffnungen die Abwehr von Eindringlingen. Auch an natürlichen Nesteingängen würden die Bienen mit Propolis Ähnliches bauen.

Hinter Weinreben geschützt, fällt es den Wespen schwerer, einzelne Honigbienen beim An- und Abflug abzufangen.

Dies ist kein sicherer Schutz, aber zumindest eine Hilfe. Nun wächst nicht auf jedem Standort Wein. Andere nicht zu dichte Hecken oder Spaliere (Sommerrebe etc.) sind ebenso geeignet. Sie müssen aber im Winter ihre Blätter abwerfen, da sie sonst die Beuten zu sehr beschatten und Reinigungsflüge erschweren.

ARBEITEN IM BIENENGARTEN

Da im Spätherbst der Boden noch warm ist und weder Dürre noch Winterfröste drohen, kann man jetzt sehr gut Gehölze und Stauden pflanzen. Sonst wartet man damit bis zum Frühjahr. Um im Frühjahr den Bienen viele Frühblüher zu bieten, pflanzt man jetzt Zwiebelblumen wie Krokusse, Narzissen, Märzenbecher, Traubenhyazinthen und Tulpen. Auch Obstgehölze können jetzt oder im Erstfrühling gepflanzt werden.

ETHIK IN DER BIENENHALTUNG

Nicht erst seitdem strenge Veganer es strikt ablehnen, den von den Bienen „erbrochenen“ Honig zu essen, macht man sich über Ethik im Zusammenhang mit Honigbienen Gedanken. Man kann dies als überzogen ablehnen, trotzdem muss Ethik endlich auch in der Imkerei diskutiert werden; denn wer Bienen hält, greift immer in die natürlichen Abläufe des Bienenvolks ein. Viele in der Imkerei gängige Praktiken wie wahlloses Zusammensetzen von Völkern aus einzelnen Bestandteilen oder häufige Wanderung müssten unter ethischen Aspekten beleuchtet werden. An dieser Stelle kann aber nur auf extreme Situationen, wie das Töten einzelner Honigbienen und Bienenvölker sowie einiger Schädlinge, eingegangen werden.

QUETSCHEN UND TÖTEN VON HONIGBIENEN

Bei der Bearbeitung der Bienenvölker kommt es immer wieder vor, dass Bienen gerollt oder gequetscht werden. Besonders häufig geschieht dies, wenn man Waben bewegt oder den Deckel schließt. Manchmal kann es nicht vermieden werden, aber mit einer bedachten Arbeitsweise und etwas Raucheinsatz kann man doch das Schlimmste verhindern. Anders sieht es aus, wenn man mit Bienen gefüllte Honigräume mit einem Bläser (Bee-Blower) leert. Der Anteil von geschädigten und toten Honigbienen kann dabei recht hoch sein. Hier gibt es andere schonende Verfahren, wie z. B. Bienenfluchten ➜ Honig ernten, S. 124.

Während das Bienenvolk selbst größere Verluste von Arbeiterinnen noch recht gut ausgleichen kann, wird es bei der Königin kritisch. Von ihr hängt das Überleben des ganzen Volkes ab. Königinnen leben bis zu fünf Jahre, doch nimmt am Ende die Zahl der abgelegten Eier deutlich ab. In der Imkerpraxis wird die Königin daher meist nach zwei Jahren ausgetauscht. Manche verhindern das Ausziehen des Schwarms, indem sie der Königin den Flügel schneiden, sodass sie beim Versuch auszufliegen verendet. All dies sind Unfälle oder Maßnahmen, die ethisch kritisch zu bewerten sind.

Anders sieht es bei Vorgängen aus, die der Bienengesundheit dienen. Seit einigen Jahren wird im Gesamtkonzept der Varroabekämpfung Drohnenbrut ausgeschnitten und vernichtet, um den Befall mit Varroamilben in der ersten Jahreshälfte niedrig zu halten. Ebenso wird bei starkem Befall mit Varroamilben empfohlen, sämtliche Brut zu entnehmen und zu vernichten, um dem Bien einen Neuanfang zu ermöglichen. Ähnliche Vorgänge laufen auch beim ursprünglichen Wirt der Varroamilbe, der Östlichen Honigbiene *Apis cerana*, ab.

Dort kommen stark befallene Drohnen nicht zum Schlüpfen und bei der Flucht (Absconding) stark befallener Völker bleibt alle Brut im alten Nest zurück. Da zwischen dem Wirt, der Westlichen Honigbiene und dem Parasiten, der Varroamilbe, noch keine Anpassung stattgefunden hat, muss man diese Situation künstlich herbeiführen. Bei beiden Verfahren stehen somit das Wohl der Bienen und ihre Gesundheit im Vordergrund. Sie sind daher ethisch vertretbar.

KRANKE UND SCHWACHE VÖLKER TÖTEN

Schwieriger ist die Entscheidung, wenn schwache oder kranke Völker abgetötet werden. Im Grunde will man damit verhindern, dass sich Krankheiten auf dem Stand verbreiten und gesunde Völker angesteckt werden. Das gilt auch bei stark von der Varroa-Virus-Infektion betroffenen Völkern, die besonders spät im Jahr kaum noch zu retten sind. Sie sollten besser abgetötet werden, bevor sie andere Völker mit ihren Milben und Viren gefährden. Wildlebende Honigbienen schützen sich davor, indem sie weit auseinanderliegende Nistplätze wählen. Da in einer Imkerei solche Bedingungen nicht oder nur selten möglich sind, muss man lenkend eingreifen, ohne damit ethische Grundsätze zu verlassen.

Ganz anders ist die Situation, wenn man Völker im Wald „abwirtschaften" lässt, sie also bewusst ihrem Schicksal überlässt, um eventuell noch sehr spät Honig von Honigtau zu ernten. Die betroffenen Imker*innen haben diesen Verlust einkalkuliert und halten die entsprechende Zahl von Jungvölkern in Reserve. Nicht anders muss man die bewusste Bildung von sehr schwachen Ablegern bewerten, die es entweder schaffen oder aber jämmerlich eingehen. Auch das Experiment, einzelne Völker unbehandelt ihrem Schicksal zu überlassen, damit sie varroatolerant werden, fällt hierunter. Eine Ausnahme können höchstens isolierte Stände sein, auf denen eine Chance besteht, dass sich tatsächlich eine solche Bienenlinie selektieren kann.

Zur Bekämpfung der Varroamilbe wird Drohnenbrut vernichtet. Auch bei ihrem ursprünglichen Wirt, der Asiatischen Honigbiene, wirkt die sterbende Drohnenbrut als Falle.

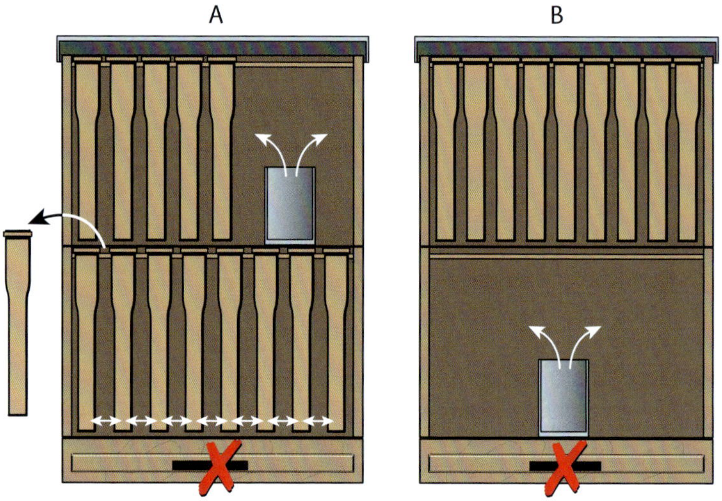

Die Bienenvölker werden bei geschlossenem Flugloch mit Schwefeldämpfen abgetötet. Damit die toten Bienen die Wabengassen nicht verstopfen, wird entweder der Wabenabstand vergrößert (links) oder der Schwefel unten verbrannt (rechts).

SCHÄDLINGE DULDEN ODER BEKÄMPFEN

In der Imkerei gelten die Wachsmotten als die größten Schädlinge. Die Kleine Wachsmotte (*Achroia grisella*) miniert Gänge zwischen der Brut und den Mittelwänden. Sie tritt allerdings relativ selten auf und wird meist kaum beachtet. Ganz anders die Große Wachsmotte (*Galleria mellonella*), die vor allem in Lagerstätten Vorratswaben zerstört. Aber auch in schwachen Bienenvölkern gilt sie als Ursache für deren baldigen Tod.

Doch für die wildlebenden Bienenvölker ist die große Wachsmotte sehr wichtig, da sie nicht mehr von den Bienen kontrollierte Waben zerstört und damit die Hygiene im verbleibenden Nest und den Bau von neuen Waben erleichtert. Die Vorratswaben werden von den Wachsmotten zerstört, da sie dort ohne Schutz der Bienen lagern. Wachsmotten sind somit nicht ein Schädling der Honigbienen, sondern der Imker*innen. Eigentlich ist ethisch kaum zu vertreten, sie zu töten. Es gibt genügend Möglichkeiten, sie durch das Aussortieren der zuvor bebrüteten Waben und der luftigen Lagerung der Vorratswaben an der Fortpflanzung zu hindern ➜ Wachsmotten verhindern, S.178.

Auch Wespen und von ihnen speziell Hornissen können für den Bien zum Problem werden. Anstatt die eigentlich nützlichen und teilweise geschützten Tiere zu vernichten, hilft man besser den Bienen bei ihrer Abwehr ➜ Abwehr von Wespen erleichtern, S. 160. Die Asiatische Hornisse, *Vespa velutina*, ist neu eingeschleppt und verbreitet sich schnell. Da bringt die Bekämpfung nur wenig, zumal man damit meistens auch viele heimische Insekten tötet.

Ameisen sind dagegen in jedem Fall sehr nützliche Tiere und sollten daher besonders von Imker*innen geschützt werden. Sicher werden manche der kleinen Ameisen manchmal lästig, wenn sie unter der oberen Abdeckung ihre Nester bilden. Doch sie sind harmlos, da sie nur die Wärme des Bienennests suchen. Ruppiger kann es da schon bei den größeren Exemplaren wie der Roten Waldameise (*Formica rufa*) zugehen. Doch auch sie haben nur in schwachen Völker eine Chance. Für die Imker*innen sind sie sehr wertvoll, da sie Lauspopulationen auf Fichten und Tannen pflegen. Bei schlechtem Wetter werden sie in geschützte Bereiche transportiert und gegen Angriffe z. B. von Marienkäfern verteidigt. Zum Problem werden die Waldameisen höchstens auf Wanderplätzen im Wald. Sie zu bekämpfen ist ethisch nicht zu vertreten und ein Verstoß gegen das Tierschutzgesetz. Besser man sucht sich in solchen Fällen einen anderen Standplatz.

Die 13 mm lange große Wachsmotte ist als Falter harmlos, erst die Larven zerstören die Waben.

Ein Ameisenhaufen im Umkreis des Wanderplatzes im Wald lässt auf eine Honigtautracht hoffen. Einen gebührenden Abstand sollte man trotzdem halten.

PILZERKRANKUNGEN

Zu den Pilzerkrankungen der Honigbienen gehören vor allem die recht häufig auftretende Kalkbrut und die äußerst seltene Steinbrut.

KALKBRUT

Kalkbrut trat früher häufig bei schlecht mit Futter versorgten Völkern und bei Völkern mit geringem Putztrieb auf. Heute wird sie als mögliche Nebenwirkung der Medikamente bei der Behandlung der Varroa-Virus-Infektion gesehen.

AUFFÄLLIGKEITEN VOR DEM VOLK

- Weiße bis grauschwarze Mumien liegen vor dem Flugloch.

SYMPTOME IM VOLK

- Je nach Befall treten lückige Brutflächen auf.
- Folgende veränderte Zelldeckel sind verdächtig:
  - teilweise löchrig oder entfernt.
- Folgender Zellinhalt erhärtet den Verdacht:
  - infizierte Larven oder Vorpuppen, zunächst schwammig, später hart.
  - Mumien locker in Zelle, zunächst weiß, später grauschwarz.

URSACHEN

- Der Pilz *Ascosphaera apis*.
- Infektion erfolgt über Haut oder Futter.
- Die Diagnose erfolgt im Labor: mikrobiologisch oder mikroskopisch anhand der Fruchtkörper.
- Mögliche Nebenwirkung von Varroaziden.
- Kurzfristige Unterkühlung der Brut:
  - bei Durchsicht der Völker,
  - bei bereits geschwächten Völkern,
  - bei Kälteeinbrüchen im Frühjahr.
  - Geringes Hygieneverhalten aufgrund der genetischen Disposition.
  - Häufige Behandlung mit Varroaziden.

Auch außerhalb der Zelle entwickeln sich auf den nicht infektiösen weißen Mumien nach und nach schwarze Zysten mit Sporenballen. Von den grauschwarzen Mumien im Gemüll gelangen die Sporen dann auf die Brut und ins Futter.

VERWECHSLUNG

- Erscheinungen sind typisch.
- Schimmelpilz tritt mehr oberflächlich auf.

AUSBREITUNG

- Die Sporen sind lange infektiös:
  - in Mumien und Gemüll mind. 15 Jahre,
  - in Honig 2 Jahre,
  - in Pollen 1 Jahr.
- Im Bienenvolk:
  - weiße Mumien nicht infektiös,
  - graubraune Mumien infektiös,
  - Sporen gelangen über Stockluft auf die Larvenhaut,
  - über Larvenfutter in die Larve.

- Zwischen Bienenvölkern über:
  - Flugbienen bei z. B. Verflug, Räuberei,
  - kontaminierte Waben und Futter.

BEKÄMPFUNG

- Meist nur einzelne Völker betroffen.
- Selbstheilung ist möglich bei:
  - wenigen betroffenen Brutzellen,
  - guter Tracht,
  - ausreichender Futterversorgung.
- Je nach Infektionsgrad bekämpfen:
  - bis 1 % infizierte Zellen: mit dünner Honiglösung besprühen,
  - 1 % bis 10 % infizierte Zellen: Brutwaben entfernen und füttern,
  - über 10 % infizierte Zellen : im Kunstschwarm sanieren.

VORBEUGUNG

- Sporen treten in fast allen Bienenvölkern auf.
- Boden von den Bienen reinigen lassen oder selbst reinigen.
- Hygieneverhalten verbessern:
  - durch gute Tracht oder Futtergabe,
  - Wabenzahl der Bienenzahl anpassen.

STEINBRUT

In den letzten Jahrzehnten sind keine Ausbruchsfälle der Steinbrut in Mitteleuropa bekannt geworden. Sie ist die einzige Bienenkrankheit, die sich auch auf die Gesundheit des Menschen auswirken kann.

AUFFÄLLIGKEITEN VOR DEM VOLK

- Unauffällig.

SYMPTOME IM VOLK

- Vorwiegend ist gedeckelte Brut betroffen.
- Zelldeckel und -inhalt sind mit gelbgrünem Pilzrasen überzogen,
- fest mit der Zellwand verwachsen.

URSACHEN

- Pilze der Gattung *Aspergillus* spp., meist *Aspergillus flavus*.
- Sowohl Brut und als auch adulte Bienen betroffen.
- Die Diagnose erfolgt im Labor: mikrobiologisch oder mikroskopisch anhand der Fruchtkörper.

VERWECHSLUNG

- Erscheinungen sind typisch.
- Mit Pollen gefüllte Vorratszellen können ähnlich aussehen.

AUSBREITUNG

- Im Bienenvolk über Futter und Stockluft.

BEKÄMPFUNG

- Meist nur einzelne Völker betroffen.
- Betroffene Völker abtöten,
- Brutwaben vernichten,
- Beuten desinfizieren (für Menschen infektiös!).

VORBEUGUNG

- Sofort bekämpfen.

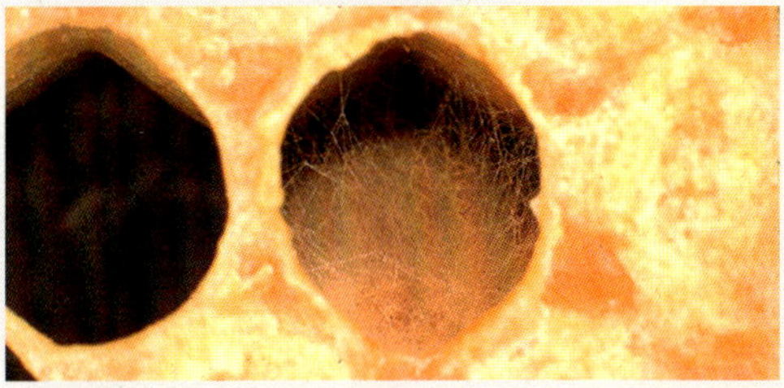

Im Gegensatz zur Kalkbrut sind die oft grünlichen Pilzhyphen bei Steinbrut fest mit den Zellwänden verwachsen.

VOLLHERBST

Kurz und bündig

- Diese Jahreszeit wird durch die Fruchtreife der Stieleiche eingeleitet → links.
- Die Brutaufzucht geht stärker zurück und der Bien nimmt in der Volksstärke weiter ab.
- Die Bienen rücken enger zusammen.
- Bienenvölker vor Eindringlingen und „Honigjägern“ schützen.
- Vormals bebrütete Vorratswaben einschmelzen und unbebrütete gut durchlüftet, aber mottendicht lagern.

VOLLHERBST: ES KANN NOCH HONIGTAU GEBEN

Auch wenn die Weinlese im Vollherbst beginnt, gilt die Fruchtreife der Stieleiche (*Quercus robur*) als Anzeiger für diese Jahreszeit. In den vieljährigen Messungen des Deutschen Wetterdienstes beginnt der Vollherbst Mitte September und endet Mitte Oktober. Eichen sind wichtig für die Biodiversität in unseren Wäldern, denn kaum ein anderer Baum beherbergt so viele verschiedene Arten von Pilzen und Insekten, leider heute auch vermehrt den für Baum und Mensch nachteiligen Eichenprozessionsspinner. Für Schmetterlinge gehören Eichen neben Weiden zu den wichtigsten Bäumen. Mit ihren Höhlenstrukturen bieten sie Nistplätze für Vögel, Fledermäuse und Insekten wie auch den Bien. Nahrung bringen sie den Honigbienen allerdings nicht, und auch für die Imkerei gibt es dort nur selten Honigtau von Läusen. Der im Handel angebotene Eichenhonig stammt aus Südosteuropa, wo Exkrete aus Blättern der dort heimischen Eiche (*Quercus conferta*) auch ohne Läuse Honigtauhonige liefern.

Unter den mit dem Eichenprozessionsspinner befallenen Eichen darf man sich nicht aufhalten, da die feinen „Brennhärchen“ schwere allergische Reaktionen auslösen können.

Im Vollherbst geht bei den meisten Pflanzen die Blüte zu Ende. Besonders der Efeu wird jetzt sehr stark beflogen, da er oft die einzige ergiebige Nahrungsquelle für den Bien ist. Sein Wert ist aber umstritten, da diese späte Tracht noch einmal richtig den Bien „anheizt“. Das gilt noch mehr für eine späte Tannentracht, allerdings wird der Honigtau von den Bienen nicht vertragen und führt zu Durchfall. Bereits eingewinterte Völker werden den Honigtau in der Nähe des verbliebenen Brutnestes eintragen und schnell verbrauchen. Doch das ist nicht immer sicher. Wenn viel eingetragen wurde, entfernt man besser die Waben und füttert erneut nach.

Unsere Völker überwinterten früher im Schwarzwald. Zweimal gab es wegen der späten Tannentracht Totalverluste. Solche Standorte sollte man trotz der Nähe zum Wohnhaus meiden. Manche Imker*innen gehen dieses Risiko aber ganz bewusst ein und lassen ihre Völker im Wald „abwirtschaften“. Wenn die Tanne noch „kommt“, wird der Honig geerntet. Da ausreichend Nahrung in der Umgebung fehlt, gehen die Völker anschließend ein. Den Ersatz hat man bereits zu Hause mit Jungvölkern aufgebaut. Diese Vorgehensweise ist ethisch nicht zu vertreten und muss grundsätzlich abgelehnt werden → Ethik in der Bienenhaltung, S. 162.

Die Frucht der Rosskastanie zeigt ebenfalls den Beginn des Vollherbstes an.

TRACHTPFLANZEN

WILDPFLANZEN

Seit dem ➜ Frühherbst blüht noch:
- **Kanadische Goldrute** (*Solidago canadensis*) (N2/P3)
- **Gewöhnliche Kratzdistel** (*Cirsium vulgare*) (N0/P2)

Seit dem ➜ Spätsommer blüht noch:
- **Heidekraut, Besenheide** (*Calluna vulgaris*) (N3/P3)
- **Efeu** (*Hedera helix*) (N3/P3)

Seit dem ➜ Hochsommer blüht noch:
- **Drüsiges Springkraut** (*Impatiens glandulifera*) (N2/P2)

Seit dem ➜ Frühsommer blüht noch:
- **Echter Thymian** (*Thymus* spp.) (N3/P2)

Die folgenden Pflanzen werden mit Werten für Nektar (N) und Pollen (P) angegeben:
1 = gering
2 = mittel
3 = gut
4 = sehr gut.

NUTZPFLANZEN

Seit dem ➜ Hochsommer blüht noch:
- **Durchwachsene Silphie** (*Silphium perfoliatum*) (N2/P2)
- **Phacelia, Büschelschön** (*Phacelia tanacetifolia*) (N4/P3)
- **Saat-Luzerne** (*Medicago sativa*) (N3/P1)
- **Weißer Senf** (*Sinapis alba*) (N2/P3)

Seit dem ➜ Spätsommer blüht noch:
- **Echter Buchweizen, Heidekorn** (*Fagopyrum esculentum*) (N4/P3)
- **Sonnenblume** (*Helianthus annuus*) (N3/P3)

Seit dem ➜ Frühherbst blüht noch:
- **Topinambur, Erdbirne** (*Helianthus tuberosus*) (N2/P2)

VORGÄNGE IM BIENENVOLK

Die Volksstärke des Biens nimmt weiter ab, da nicht alle der abgehenden alten Sommerbienen durch frisch geschlüpfte Winterbienen ersetzt werden.

IM VOLLHERBST WIRD DER WINTERSITZ VORBEREITET

Die ersten kalten Nächte, eventuell sogar mit Frost, schränken das Brutgeschäft noch weiter ein. Der Aufwand und Futterverbrauch wären zu groß, um noch viel Brut aufzuziehen. Ab einer Temperatur von 14 °C bildet der Bien eine engere Traube, um die Wärme im Brutbereich zu halten und diesen besser nach außen zu isolieren. Die Anordnung der Bienen in der Traube ist aber noch locker, sodass sich diese tagsüber meist wieder auflöst.

Bienenvolk im Dadant-Brutraum. Rot = Brut, gelb = Honig, blau = Pollen (rechts Jungvolk).

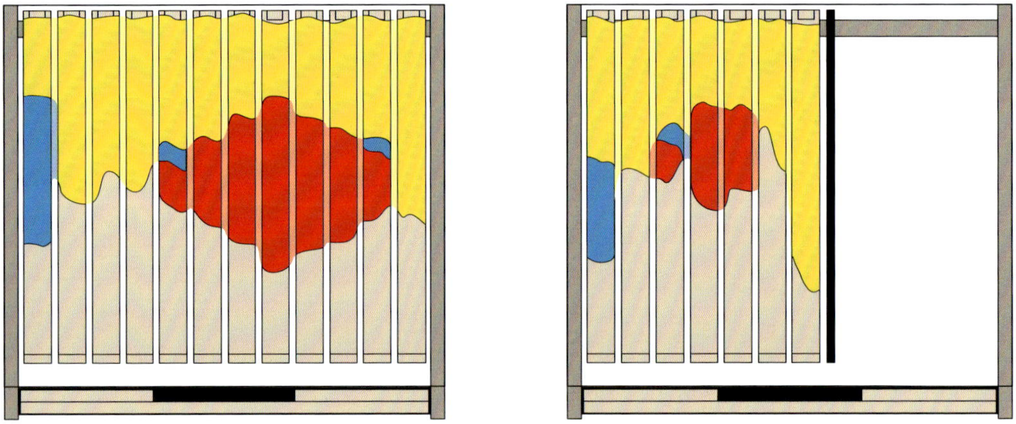

Das sollte man wissen

- Wegen erster kühler Nächte wird die Brutfläche kleiner.
- Winterbienen werden weiter aufgezogen.
- Es kommt schnell zur Räuberei und Übertragung von Krankheiten.
- Erste Zusammenbrüche wegen der Varroa-Virus-Infektion sind möglich.
- Symptome von Brutkrankheiten werden im Nest deutlich sichtbar.
- In Winterbienen vermehrt sich die seltene *Nosema apis*, aber nicht *Nosema ceranae*.
- Adulte Kleine Beutenkäfer und Larven können in schwach besetzten Beuten oder abgestorbenen Völkern sichtbar werden, aber auch Honiglager zerstören (bei uns noch nicht gefunden).

DAS IST ZU TUN

ARBEITEN AM BIENENVOLK

- Brutnest möglichst unverändert lassen.
- Die Brutwaben auf Entwicklung und Krankheiten kontrollieren.
- Futtervorräte der Völker, wenn nötig schätzen ➜ S. 156.

MÄUSESCHUTZ ANBRINGEN

- Vor ersten Nachtfrösten und Tagestemperaturen unter 10 °C den Mäuseschutz anbringen.
- Vorsicht! Mäuse nicht einschließen!
- Bei einigen Beutentypen einen Fluglochkeil anbringen.
- Sonst ein Mäusegitter befestigen.
- Bei Spitzmäusen den Durchgang noch weiter einengen.

VOR VÖGELN MIT NETZEN SCHÜTZEN

- Nur notwendig, wenn Schäden z. B. durch Spechte aufgetreten.
- Ein weitmaschiges Netz über Bienenkasten legen, das nicht an der Beute anliegt.
- Unten mit Steinen/Brettern beschweren.

GRÖSSERE TIERE FERNHALTEN

- Nur notwendig, wenn größere Tiere Beuten oder Lager zerstören.
- Bei Waschbären am Bienenhaus Gebäudeschutz anbringen.
- Bei zu häufigen Störungen besser den Standort wechseln.

VÖLKER, BEUTEN UND WABEN VERSORGEN

- Sehr schwache oder kranke Völker durch Abtöten oder Abfegen auflösen.
- Beuten von durch Varroa-Virus-Infektion eingegangenen Völkern schließen und abräumen.
- Alte Brutwaben einschmelzen.
- Honig- und Leerwaben aus an der Varroa-Virus-Infektion eingegangenen Völkern mit Essigsäuredampf desinfizieren oder einschmelzen.

FUTTERVERSORGUNG ÜBERPRÜFEN

Winterfutter kontrollieren:

- Schätzen durch Anheben des Bienenstocks.
- Bienenstock wiegen.
- Wabenvorräte schätzen.

ARBEITEN AM BIENENVOLK

Sobald sich die Bienen zu einer Traube zusammenziehen, wird das Flugloch weniger oder nicht mehr überwacht. Jetzt suchen auch Mäuse und Spitzmäuse ein geeignetes Winterquartier. Da kommt ein warmer Bienenstock mit Futter ganz in der Nähe gerade recht.

MÄUSESCHUTZ ANBRINGEN

Mäuse zerstören Waben, wenn sie ihr Nest bauen und an die Honigvorräte gehen. Spitzmäuse ernähren sich als Insektenfresser gerne von den Bienen. Beide erzeugen eine enorme Unruhe im Nest. Nosemose und Durchfall sind in der Regel die Folge. Meist gehen solche Völker im Laufe des Winters ein. Eingedrungene Mäuse kann man leicht am Boden an der charakteristischen Form des Kots erkennen. Bei Spitzmäusen fallen die typischen ausgefressenen Bruststücke der Bienen auf.

Damit Mäuse gar nicht erst eindringen, sollte man am Flugloch einen Mäuseschutz anbringen. Allerdings darf man nicht bereits eingedrungene Tiere damit einschließen. Am besten bringt man den Schutz vor längeren Phasen mit Temperaturen unter 10 °C oder vor Frost an. Das kann der übliche Fluglochkeil sein, mit dem der Eingang zum Nest auf 6 bis 8 mm vermindert wird, oder ein Gitter mit einer Maschenweite von 8 mm. Besonders gegen Spitzmäuse sollte man ein Gitter mit einer kleineren Maschenweite von 6,3 mm verwenden. Doch Vorsicht, besonders das kleine Gitter kann schnell als Pollenfalle wirken und sollte im Frühling rechtzeitig entfernt werden → Mäusegitter entfernen, S. 51.

Anstelle eines Gitters als Schutz vor Mäusen kann man auch einen Keil einschieben, der einen Einlass von nur 6 mm Höhe zulässt.

VOR VÖGELN MIT NETZEN SCHÜTZEN

Auch Vögel können im Winter beim Bien Schaden anrichten. Manche klopfen mit den Schnäbeln gegen den Kasten, um die herausstürzenden Bienen zu ergreifen und zu fressen. Spechte schaffen sich manchmal mit Gewalt Zugang zu Bienen und Vorräten. Da kann dann schon mal ein faustgroßes Loch im Kasten für zusätzliche Durchlüftung sorgen. Wie bei den Mäusen entsteht der größte Schaden durch die Unruhe im Bienenvolk. Wenn man derartige Probleme hat, sollte man, sobald es kalt wird und die Bienen weniger ausfliegen, einen Vogelschutz anbringen. Manchmal reicht es, ein Vogelschutznetz über die Kästen zu legen. Bei besonders gewitzten Vögeln muss man das Eindringen von unten durch Steine und Bretter verhindern.

Zum Schutz vor Vögeln bedeckt man die Beuten so mit einem Netz, dass zwischen beiden genügend Abstand besteht.

GRÖSSERE TIERE FERNHALTEN

Am Bienenvolk können höchstens Bären in einzelnen abgelegenen Albtälern ein Problem werden. Hier muss man die Beuten bzw. den Bienenstand mit einem Elektrozaun schützen. Wie man das macht, erfährt man von der Naturschutzbehörde. In der Regel ist es aber besser, solche Standorte nicht weiter zu nutzen und abzuwandern. Vor anderen größeren Tieren wie Dachs, Marder und Waschbären muss man eher seine Gebäude und die darin gelagerten Waben, insbesondere Futterwaben, schützen, wenn es zu Zerstörungen kommt. Dachs und Marder sind manchmal ein Problem im Lager von Futterwaben. Hier reicht es meist aus, alles gut zu verschließen. Waschbären und bisweilen auch der Dachs lassen sich davon weniger beeindrucken. Hier muss man zusätzlich einen Gebäudeschutz anbringen.

GESUNDHEITSÜBERWACHUNG

BIENENFLUG BEOBACHTEN

- Regelmäßig Bienenflug, Sammeln von Pollen und Nektar beobachten.

TOTENFALL VOR NESTEINGANG ÜBERWACHEN

- Die letzten kurzlebigen Sommerbienen sterben.
- Missgebildete Bienen weisen auf eine hohe Varroa-Virus-Infektion hin.

VERDACHT AUF VERGIFTUNG ÜBERPRÜFEN

- Eher unwahrscheinlich.

AUF VERÄNDERTE BRUT ACHTEN

Die Brutnester sollten um diese Zeit nicht mehr auseinandergerissen werden. Wenn man einen Verdacht hat, kann man aber die Brut auf den Waben genau ansehen:

- Auf lückige Brutflächen achten.
- Veränderungen am Zelldeckel und in der Brutzelle überprüfen.
- Bei Verdacht Streichholzprobe durchführen.
- Befall der Brut mit Varroamilben bestimmen.

BEFALL MIT VARROAMILBEN ERKENNEN UND HANDELN

➜ Befall mit Varroamilben erkennen, S. 129

Der natürliche Milbenfall sollte frühestens vier Wochen nach der letzten Behandlung kontrolliert werden. Tote Bienen auf dem Bodengitter beeinflussen das Ergebnis!

- Weniger als zwei Milben in vier Tagen (1 oder 2 Milben/Tag): eher unbedenklich!
- Mehr als etwa zwei Milben in vier Tagen: Behandlung wie im Frühherbst oder warten bis die Völker brutfrei sind ➜ Varroabehandlung im Winter, S. 210.

NACH TOTEN VÖLKERN SCHAUEN

- Leere Beuten mit viel Futter und Brut, wenigen oder gar keinen Bienen sind typisch für Varroaschäden.

MASSNAHMEN DER GESUNDERHALTUNG

VARROABEHANDLUNG FESTLEGEN

➜ Befall mit Varroamilben erkennen, S. 129

- Behandlung bei hohem Milbenbefall wie im Frühherbst (eventuell mit 85%iger Ameisensäure auf Verschreibung) oder warten, bis die Völker im Winter brutfrei sind.
- Die Fluglöcher von an der Varroa-Virus-Infektion eingegangenen Völkern unbedingt schließen.
- Beuten und Waben reinigen und desinfizieren ➜ S. 193.

ARBEITEN AM BIENENSTAND

Am Bienenstand spielt Honig um diese Jahreszeit keine große Rolle mehr. Die Waben sind ausgeschleudert und müssen bis zum nächsten Frühjahr gelagert werden.

AUSGESCHLEUDERTE HONIGWABEN VERSORGEN

Damit der Honig in den feuchten Waben nicht anfängt zu gären, sollte man sie vorher noch für zwei bis drei Tage Völkern zum Auslecken und auch zur Reparatur aufsetzen. Wenn, wie manchmal bei uns, noch spät etwas Honigtau eingetragen wird, setzt man am besten viele Zargen zusammen auf ein starkes Volk auf. Dann sind die oberen trocken und nur die untere müsste eventuell nochmal geschleudert werden. Trotzdem kann sich auch auf den trockenen Waben im Wabenlager über den Winter Schimmel bilden. Deshalb ist eine trockene, gut durchlüftete Aufbewahrung anzuraten. Frostig darf es ebenfalls sein, denn die heute allgemein verbreitete aus Asien stammende Nosema-Art, *N. ceranae*, ist sehr kälteempfindlich. Auch Wachsmotten können sich bei tiefen Temperaturen nicht entwickeln.

Das Gespinst der Larven überdeckt sämtliche von ihnen befallenen Waben. Das gelingt ihnen aber nur, wenn diese z. B. in schwachen Völkern nicht mehr von den Bienen kontrolliert werden.

WACHSMOTTEN VERHINDERN

Beide Wachsmotten dringen nachts in Bienenvölker ein, um dort Eier abzulegen. Die Kleine Wachsmotte, *Achroea grisella*, ist etwa 11 mm groß. Ihre Larven minieren mit ihren Fraßgängen entlang der Zellböden bzw. über der Mittelwand. Die Zellwände sind nach oben zur „Röhrchenbrut" verlängert und nicht verdeckelt, sodass die Bienenpuppen in den offenen Zellen auffallen. Am besten bekämpft man sie, indem man stark betroffene Waben entfernt und die Nestgröße zur besseren Hygiene an die Volksstärke anpasst. In Wabenlager findet man sie nur selten. Dagegen befällt die Große Wachsmotte, *Galleria mellonella* (13 mm), nicht nur schwache Völker, sondern auch Wabenlager → Ethik in der Bienenhaltung, S. 162. Sie legt in Nischen und Ritzen Eier ab, aus denen Larven schlüpfen. Nach dem Verpuppen schlüpfen die neuen Falter. Die Entwicklung vom Ei zum Falter hängt von der Umgebungstemperatur ab und dauert bei 27 °C 50 Tage und bei 20 °C 140 Tage. Unter 9 °C können sie sich nicht entwickeln und bei Frost sterben außerdem ihre Eier ab.

WABEN SORTIEREN UND LAGERN

Ein Wabenlager im Freien oder unbeheizten Bienenhaus ist am besten geeignet. Doch nicht alle Waben sind gleich gefährdet. Wachsmotten ernähren sich vornehmlich von den Brutresten in den Waben, wie Larven- und Puppenhäute und von Pollen. Deshalb ist es immer wichtig, pollenfreie und nie bebrütete Waben von anderen getrennt aufzubewahren. Wachsmotten meiden Licht und Luftzug. Deshalb sollte man die Waben nicht nur in einem kühlen, sondern auch gut durchlüfteten, dunklen Raum lagern. Die meisten Wabenschränke verhindern zwar das Eindringen der erwachsenen Motten und sind dunkel, aber auch ohne Luftzirkulation.

Allerdings werden meist mit den Waben auch Eier von Wachsmotten mit eingelagert. Früher war es deshalb üblich, die Waben in kürzeren Abständen zu schwefeln. Dies ist nicht nur für den Anwender sehr ungesund, sondern führt auch zu messbaren Rückständen im Wachs. Außerdem ist Schwefel nicht als Biozid zugelassen.

Ein Zargenstapel ist da wesentlich besser geeignet. Er ist in seiner Größe variabel und kann leicht dem Bedarf angepasst werden. In den Zargen wird jeweils nur die Hälfte der Waben mit je einer Wabe Abstand eingehängt. So kann die Luft leicht hindurch zirkulieren → Bild. Im Freien aufgestellt, sind die Waben auch Frösten ausgesetzt, was die Entwicklung von Wachsmotten zusätzlich hemmt und

Nosema-Sporen abtötet. Wir lagern über Winter nur noch Waben aus dem Honigraum und Futterwaben aus dem Brutraum. Sie sollen im Frühjahr bei Futtermangel aus der Not helfen. Manchmal ist auch eine schöne bereits vormals einmal bebrütete Wabe dabei, obwohl es sicher besser wäre, sie nicht aufzuheben. Die übrigen Waben werden eingeschmolzen.

Dort, wo Weinreben als Schutz vor Sonne und Wespen verwendet werden, kann man jetzt die saftigen Trauben ernten.

Im gut durchlüfteten Wabenstapel mit einem Gitternetz unten und Abzugsrohr oben hat die Große Wachsmotte kaum eine Chance sich zu vermehren.

ARBEITEN IM BIENENGARTEN

Auch die Gartensaison neigt sich langsam dem Ende. Die Phazelie steht noch in der Blüte. Sie kann aber jetzt schon für die Gründüngung und als Bienenweide gesät werden. Daneben ist es Zeit für die Aussaat von Kaltkeimern. Dazu gehören Stauden wie Christrose, Kuhschelle und Gehölze wie Berberitze und Clematis. Auch Obstgehölze können noch gepflanzt werden. Aber für Frost empfindliche Pflanzen wie Dahlien und Gladiolen werden ausgegraben. Die Blätter der meisten Laubhölzer beginnen sich zu verfärben. In den Weinbaugebieten ist die Lese in vollem Gange.

WACHS, EIN WERTVOLLES BIENENPRODUKT

Das Wachs wird von meist 12 bis 18 Tage alten Baubienen in Drüsen des Hinterleibs in Form von Wachsschuppen produziert. Mehr als eine Million sind in einem Kilogramm Wachs enthalten. Dabei verbrauchen die Bienen bis zu sechs bis acht Kilogramm Honig.

WACHSPRODUKTION DURCH BIENEN

Die Produktion von Wachs ist also immer mit dem Verbrauch von Honig verbunden, weshalb die Bienen nur so viel wie nötig produzieren und Imker*innen versuchen, durch Recyceln den Verbrauch gering zu halten, um den Honigertrag zu erhöhen.

WACHSSORTEN IN DER IMKEREI

Frisch gebaute Waben sind weiß und durchscheinend. Solange weder Brut aufgezogen noch Pollen oder Honig eingelagert wird,

Von Bienen frisch abgesondertes Wachs ist weiß und wird erst später durch Pollen und das Belaufen von Bienen gelb bzw. dunkler.

bezeichnet man dieses Wachs auch als „Jungfernwachs“. Man erhält sie entweder im Baurahmen, über Wildbau oder bei Naturwabenbau. Eine gelbe Farbe entsteht durch Farbstoffe (Carotinoide) im gelben Pollen. Durch das Belaufen der Bienen werden die Waben auch ohne Bebrütung nach und nach dunkler. In den Brutzellen bleiben der von der Streckmade gesponnene Kokon und ihr Kot zurück. Mit jedem neuen Brutzyklus wird ein weiterer Kokon hinzugefügt. Bereits nach einem Brutdurchgang macht ihr Anteil an der Wabe 30 % aus. Mit jedem Brutsatz wird die Wabe dunkler und lichtundurchlässiger. Über das Ausschmelzen von Altwaben erhält man etwa 1 kg Wachs pro Volk und Jahr zurück. Zusätzlich kann man bei der Honigernte Entdeckelungswachs und beim Ausschneiden von Drohnenbrut „Jungfernwachs“ gewinnen. Beide sind sehr wertvoll, da sie keine oder wenige Rückstände von Pestiziden und Varroaziden enthalten.

WACHS VERARBEITEN

Wachs ist sehr empfindlich gegenüber Hitze und verändert sich chemisch mit zunehmender Temperatur. Der in der Imkerei beliebte Sonnenwachsschmelzer ist energetisch am günstigsten, aber erreicht oft sehr hohe Temperaturen. Dieses Wachs kann aber ohne Probleme für Kerzen und Möbelwachs verwendet werden. Im Wasserbad kann das Wachs schonender von den Brutresten getrennt werden. Vor allem, wenn man es nicht zum Kochen bringt, sondern auf einer Temperatur von 90 °C hält. Bei zu langem Kochen kann das Wachs sogar verseifen.

Sehr schonend ist auch der Dampfwachsschmelzer, da hier das Wachs nach dem Schmelzen sofort in eine kühlere Zone fließt und abgelassen werden kann. Diese Geräte sind heute auch für kleine und mittlere Betriebe erschwinglich, da man die Dampferzeuger günstig erwerben kann. In kleinen Betrieben können anstelle von Geräten aus Edelstahl Schmelzkisten aus Holz oder sogar leere Bienenbeuten verwendet werden.

Das ausgeschmolzene Wachs enthält Verunreinigungen, die zunächst mit einem Sieb oder Seihtuch entfernt werden. Beim anschließenden Klären wird das Wachs mit Wasser in einem beheizbaren Topf auf 75 bis 80 °C erwärmt, über Nacht stehen gelassen und dann langsam abgekühlt. Je länger dieser Vorgang dauert, umso mehr Verunreinigungen sinken nach unten. Dies wird am besten erreicht, wenn man einen gut isolierten Klärtopf verwendet. Die Schmutzteile können leicht vom Boden des erkalteten Wachskuchens abgekratzt werden.

In einem großen Dampfwachsschmelzer aus Edelstahl kann Wachs sehr leicht und schonend gewonnen werden.

Kerzen brennen selbst bei kleinsten Restpartikeln im Wachs sehr unruhig und sind selten goldgelb. Deswegen sollte man mit einer Säure (zum Beispiel Schwefel-, Oxal-, Zitronensäure oder Wasserstoffperoxid) reinigen und aufhellen. Salzsäure eignet sich dagegen nicht, da sie das Wachs chemisch schädigt. Für die Herstellung von Mittelwänden darf das Wachs nicht gebleicht werden!

VERÄNDERUNGEN DES WACHSES

Das Wachs regiert sehr empfindlich auf verschiedene Stoffe. Bei der Gewinnung und Verarbeitung des Wachses färben Metalle wie Eisen, Kupfer und Zink das Wachs dunkel. Weder die Geräte noch das Wasser dürfen diese Metalle enthalten.

Wachs nimmt schnell Fremdgerüche an. Über offenem Feuer gewonnenes Wachs riecht rauchig und kann Polyzyklische Aromatische Kohlenwasserstoffe (PAKs) enthalten, die als krebserregend gelten. Hatte es Kontakt mit gegorenem Honig, riecht es oft säuerlich. Daneben nimmt das Wachs als fettlösliche Substanz verstärkt Biozide aus der Bekämpfung von Ungeziefer, Pestizide aus dem Pflanzenschutz und Varroazide von der Varroabehandlung auf.

Wegen des hohen Preises wird Bienenwachs häufig mit synthetischen Wachsen wie Paraffinen und Stearin verfälscht. Manchmal wird es auch mit tierischem Fett gestreckt. Mittelwände aus mit Paraffin gemischtem Wachs sacken wegen ihrer niedrigeren Schmelztemperatur im Sommer unter einer zu starken Belastung zusammen. Dagegen macht Stearin das Wachs so hart, dass die Brut nicht mehr schlüpfen kann. Daneben belasten Rückstände in den Mittelwänden die darin aufwachsende Bienenbrut und gefährden ab einer bestimmten Höhe wegen der Rekontamination den Honig.

WACHSKREISLAUF UND KAUF

Diese Probleme umgeht man am besten, wenn man in einem eigenen Wachskreislauf nur Wachs von der Entdeckelung, von Wildbau, aus Baurahmen oder von Naturwaben verwendet. Sonst kann man auch das Wachs an einen wachsverarbeitenden Betrieb abgegeben. Man erhält dann eine adäquate Menge an Mittelwänden zurück. Erst ab größeren Mengen werden die Mittelwände aus eigenem Wachs hergestellt. Beim Kauf von Mittelwänden sollte man folgendes beachten:

- Vorsicht bei besonders günstigen Angeboten von Bienenwachs.
- Nur Bienenwachs bzw. Mittelwände mit Zertifikat kaufen, in dem die Reinheit und Freiheit von Zusätzen bestätigt wird.
- Bienenwachs bzw. Mittelwände sollten auf Rückstände von Pestiziden (und Varroaziden) untersucht und als rückstandsfrei oder zumindest rückstandsarm befunden sein.

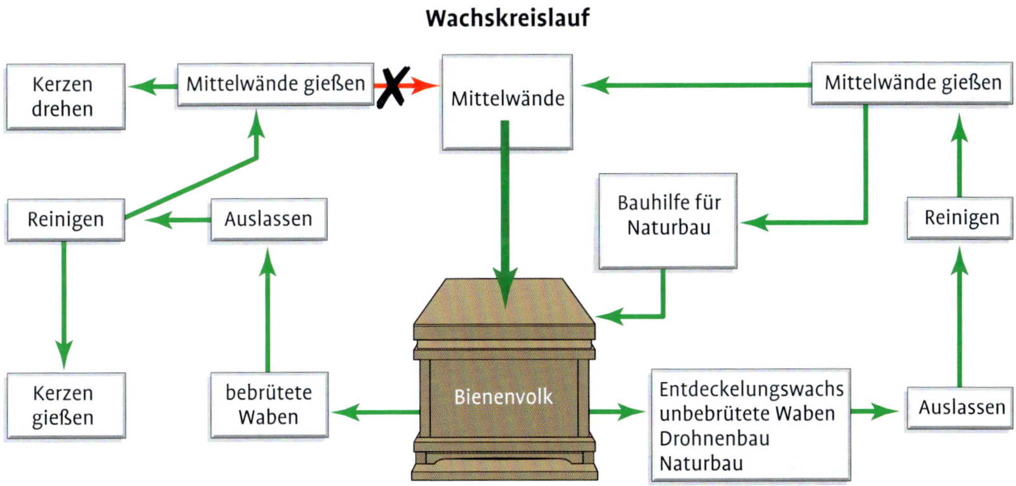

In den eigenen Wachskreislauf gelangt nur weitgehend unbelastetes Wachs von der Entdeckelung der Honigwaben und dem Ausschneiden von Drohnenbrut.

VERGIFTUNGEN

Bei Verdacht von Vergiftungen durch Pflanzenschutzmittel (PSM) werden je nach Bundesland die Landratsämter, der Imkerverband oder eine andere hierfür zuständige Stelle eingeschaltet. Die Untersuchung wird in Deutschland zentral vom Institut für Bienenschutz am Julius Kühn Institut (JKI) in Braunschweig durchgeführt → Service, S. 220.

AUFFÄLLIGKEITEN VOR DEM VOLK

- Schwacher Flugbetrieb bei Verlust der Flugbienen weist auf schleichende Vergiftung hin.
- Massenhaft tote Bienen sowie hüpfende und kreiselnde Bienen am Boden vor dem Flugloch können bei einer akuten Vergiftung auftreten.
- Schwarze, nass erscheinende Bienen können von der Spritzbrühe erfasst worden sein.
- Oft kommt es zu Kämpfen am Nesteingang, wenn vergiftete Bienen abgewiesen werden.
- Tote Bienen mit ausgestrecktem Rüssel sind ein Alarmzeichen.

Nass erscheinende oder schwarze Bienen findet man bei Vergiftungen und bei Chronischer-Bienen-Paralyse am Flugloch und auf dem Boden davor.

SYMPTOME IM VOLK

- Bei vergifteten Pollen kommt es zu lückigen Brutflächen.
- Am Boden liegen tote Brut und Bienen.
- Wenn Flugbienen verloren gehen, nimmt die Volksstärke rasch ab.

URSACHEN

- Bienengefährliche Pflanzenschutzmittel in Land- und Forstwirtschaft sowie Gartenbau können zu Vergiftungen führen.
- Die Bienen können mutwillig vergiftet worden sein (Frevel).
- Nektar aus bestimmten Trachten kann giftig sein.
- Die tatsächliche Ursache kann nur durch die Untersuchung im Labor ermittelt werden.

VERWECHSLUNG

- Lückige Brut kommt auch vor bei:
  - allen Brutkrankheiten,
  - geringer Legeleistung der Königin,
  - verfälschtem Wachs,
  - hohen Rückständen von Pflanzenschutzmitteln im Wachs.
- Bis zu 100 tote Bienen vor dem Flugloch können normal sein.
- Schwarze Bienen treten auch bei Chronischer-Bienen-Paralyse (CBPV) auf.
- Einen ausgestreckten Rüssel findet man auch bei:
  - fast schlupfreifer Brut,
  - verhungerten Bienen.

Tote Bienen mit ausgestrecktem Rüssel legen den Verdacht einer Vergiftung nahe.

AUSBREITUNG

- Im Bienenvolk:
  - Der vergiftete Nektar wird von Biene zu Biene weitergegeben.
  - Pollen wird eingelagert und zu unterschiedlichen Zeiten an die Brut verfüttert.
- Zwischen Bienenvölkern:
  - Bei Räuberei wird kontaminiertes Futter und Pollen eingetragen oder durch Imker*innen auf den Waben weitergegeben.
  - Selten wird die Vergiftung über den Verflug von Bienen verbreitet.
  - Außer bei wenig ergiebigen Trachtquellen sind meist alle Völker eines Standes betroffen.

VORGEHEN BEI VERDACHT

- Sofort zuständige Stellen einschalten und bei allen Maßnahmen Zeugen hinzuziehen.
- Imker*innen im Umkreis über den Verdacht informieren.
- Zum Sammeln von Totenfall Planen vor den Fluglöchern auslegen.
- Möglichst frisch gestorbene Bienen (100 g) und/oder Brutprobe sicherstellen lassen.
- Schaden beurteilen lassen und fotografisch dokumentieren.
- Die Pflanzenproben nur von einer autorisierten Person (Landratsamt etc.) nehmen lassen.
- Bienen- und Pflanzenproben getrennt lagern und an das JK-Institut senden.

URSACHEN VON SCHÄDEN NACH JAHRESZEIT

- Winter bis Vorfrühling (ca. Januar bis März):
  - Vergiftung eher unwahrscheinlich,
  - häufige Ursachen: Varroaschaden, Varroabehandlung, Unterkühlung, Hunger etc.
- Erstfrühling bis Spätsommer (ca. April bis August):
  - Verdacht auf Vergiftung naheliegend,
  - weitere mögliche Ursachen: Chronische Bienen-Paralyse und Varroabehandlung.
- Frühherbst bis Winter (ca. September bis Dezember):
  - Vergiftung eher unwahrscheinlich,
  - häufige Ursachen: Varroaschaden, Varroabehandlung, Hunger etc.

VERGIFTUNGSRISIKEN REDUZIEREN

- Ein hohes Risiko besteht bei Gärten und intensiver Landwirtschaft (Obstbau, Raps u. a.).
- Das Risiko ist niedrig bei Wiesen, Weinreben ohne Unterwuchs, nicht blühenden Kulturen, Gemüseanbau und Forst.
- Beim Ausbringen von Pflanzenschutzmitteln können diese auf Nachbargrundstücke abdriften.
- Sofort das Gespräch mit möglichen Verursachern suchen.

HINWEISE

- Warnungen der Pflanzenschutzämter verfolgen.
- Bei einer Vergiftung die Hinweise des Instituts www.julius-kuehn.de/bienenschutz beachten ➜ Service.

SPÄTHERBST

Kurz und bündig

- Die Jahreszeit wird durch die Blattfärbung der Stieleiche eingeleitet → links.
- Der Bien bildet eine immer engere mehrschichtige Wintertraube.
- Die Brutaufzucht geht weiter zurück.
- Bei starkem Varroabefall Völker behandeln.
- Bienenvölker vor Mäusen, Vögeln und Bären schützen.
- Beuten und Geräte reinigen.

SPÄTHERBST: DAS ENDE DER VEGETATION NAHT

Die Tage werden immer kürzer und die Temperaturen sinken weiter. Beides bewirkt, dass sich die Blätter verfärben und schließlich abfallen. Dies führt zu dem fantastischen Farbenspiel der Blätter: von gelb bei Ahorn und Pappeln bis zu feuerrot bei Roteichen. Anschließend werden die Blätter von den Leitungsbahnen abgekoppelt und entweder sofort oder später abgeworfen. Wenig überraschend sind als Anzeiger für die phänologische Jahreszeit des Spätherbstes die Blattfärbung der Stieleiche, aber auch der Blattfall der Eberesche. Winterraps und Wintergetreide geben den Äckern nochmal eine grüne Färbung.

Alles deutet auf das baldige Ende der Vegetation hin. Nur vereinzelt blühen noch Spätblüher wie Springkraut an geschützten Stellen. Auch Topinambur kann in Kulturen noch blühen.

In dieser Zeit kommt es häufig unter Hochdruckeinfluss zu herbstlich schönen Tagen – der zweite „Altweibersommer". Manchmal findet man aber die Sonne nur in der Höhe, während in tieferen Lagen ruhiges, kaltes und oft nebliges Wetter vorherrscht. Diese Inversionswetterlage kann durch polare Kaltluftmassen ein schnelles Ende finden und die Weichen für den Winter stellen. Nach den mehrjährigen Messungen des Deutschen Wetterdienstes beginnt der Spätherbst im Durchschnitt Mitte Oktober und endet Anfang November.

Neben dem Blattfall der Stieleiche zeigt auch der der Eberesche den Spätherbst an. Dieser auch Vogelbeere genannte Baum ist als Pionierart weit verbreitet.

TRACHTPFLANZEN

WILDPFLANZEN

Seit dem → Hochsommer blüht noch:
- **Drüsiges Springkraut** (*Impatiens glandulifera*) (N2/P2) bis zum ersten Frost

NUTZPFLANZEN

Seit dem → Frühherbst blüht noch:
- **Topinambur, Erdbirne** (*Helianthus tuberosus*) (N2/P2)

Die folgenden Pflanzen werden mit Werten für Nektar (N) und Pollen (P) angegeben:
1 = gering
2 = mittel
3 = gut
4 = sehr gut.

VORGÄNGE IM BIENENVOLK

Die Brutaufzucht des Biens nimmt im Spätherbst weiter ab. Auch die Zahl der Bienen geht weiter zurück. Denn immer mehr alte und auch kranke Bienen kommen von Ausflügen nicht mehr zurück und gehen verloren.

IM SPÄTHERBST WIRD DIE WINTERTRAUBE ENGER

Mit sinkenden Temperaturen bildet der Bien eine immer engere Wintertraube. In mehreren Schichten gelagert, versuchen die Bienen, eine maximale Isolation nach außen zu erreichen. Nur so können der Wärmeverlust und der davon abhängige Futterverbrauch minimiert werden. Mitentscheidend für das Überleben ist, wie viele Bienen für die äußere Isolationsschale zur Verfügung stehen. Schwächere und erst recht geschädigte Bienenvölker kommen jetzt schnell an ihre Grenzen und gehen ein.

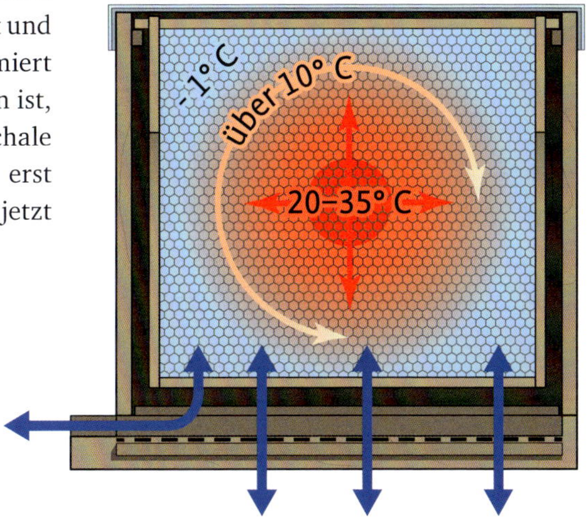

Der Bien reguliert die Temperatur so, dass sie an der Oberfläche der Traube nie unter 9 bis 10 °C fällt. Sonst erstarren die Bienen und sterben. Die Isolation der Beute, sowie offener Boden und großes Flugloch sind dabei von geringerer Bedeutung.

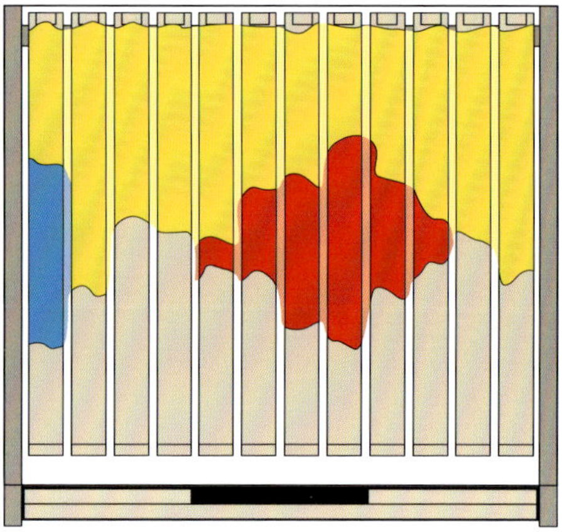

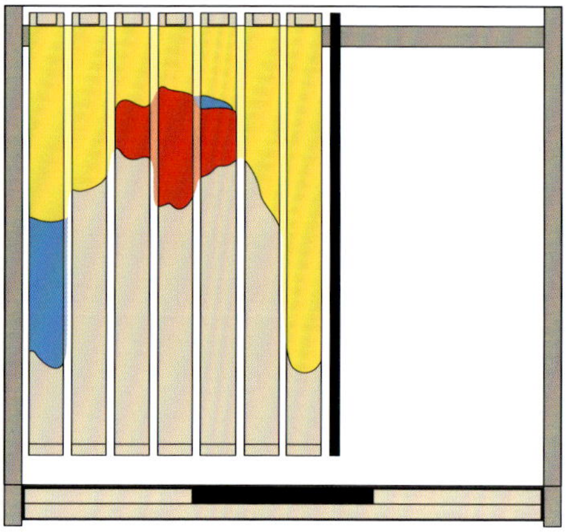

Bienenvolk im Dadant-Brutraum. Rot = Brut, gelb = Honig, blau = Pollen (rechts Jungvolk).

Das sollte man wissen

- Bei kühlen Nächten ziehen sich die Bienen immer mehr in einer Wintertraube zusammen.
- Die Brutfläche wird mit weiter sinkenden Temperaturen kleiner.
- Völker mit einer starken Varroa-Virus-Infektion oder mit bereits vorgeschädigten Bienen sitzen eher locker zusammen, die schwächeren sind bereits eingegangen.
- Erreger anderer Krankheiten, wie Pilze, Bakterien und Viren, können sich im gesamten Nest verteilen, es kommt aber selten zu klinischen Symptomen.
- In Winterbienen vermehrt sich die eher seltene *Nosema apis*; aber nicht *Nosema ceranae*.
- Kleine Beutenkäfer versuchen im Zentrum der Wintertraube zu überleben (bei uns noch nicht gefunden).

DAS IST ZU TUN

ARBEITEN AM BIENENVOLK

Die Bienen so wenig wie möglich stören und das Nest weitgehend unverändert lassen.

LEERE BEUTEN ABRÄUMEN.

- Beuten von eingegangenen Völkern schließen und abräumen.
- Brutwaben einschmelzen.
- Waben mit 60%iger Essigsäure bedampfen oder einschmelzen.

ARBEITEN AM BIENENVOLK

Früher war es üblich, vor den ersten Frösten die Bienenvölker in den Bienenhäusern gut zu verpacken. Auch kursierten zeitweise spezielle Beutenheizungen, um den Bienen über den Winter zu helfen.

BIENEN ÜBER DEN WINTER BRINGEN

Doch am Ende spart man dadurch kein Gramm Futter, denn die Bienen wärmen die Wintertraube und nicht den Raum. Die Chance zu überleben, sinkt sogar in solchen Fällen, da es auch bei Temperaturen unter 10 °C zu Reinigungsflügen kommt. Ebenso bringt es wenig, die Völker enger zusammenzurücken. Auch kleine Völker zum gegenseitigen Austausch von Wärme mit einem Gitter neben- oder übereinander zu „vereinigen" endet meist mit deren Tod.

GESUNDHEITSÜBERWACHUNG

BIENENFLUG BEOBACHTEN

- Der Flugbetrieb ist stark eingeschränkt.
- Bienen fliegen bei Temperaturen über 12 °C zum Abkoten aus.
- Bei Temperaturen um 10 °C sind nur einzelne Wasserholer unterwegs.

TOTENFALL VOR NESTEINGANG ÜBERWACHEN

- Während und nach der Behandlung sterben einige wenige Bienen.
- Bei hohem Totenfall in oder vor dem Nest unbedingt weiter beobachten.
- Missgebildete Bienen weisen auf eine starke Varroa-Virus-Infektion hin.

VERDACHT AUF VERGIFTUNG ÜBERPRÜFEN

- Eher unwahrscheinlich.

AUF VERÄNDERTE BRUT ACHTEN

Das Bienenvolk und vor allem das Brutnest sollten jetzt nicht mehr auseinandergerissen werden.

BEFALL MIT VARROAMILBEN ERKENNEN UND HANDELN

→ Befall mit Varroamilben behandeln, S. 129

Der natürliche Milbenfall sollte frühestens vier Wochen nach der letzten Behandlung kontrolliert werden. Tote Bienen auf dem Bodengitter beeinflussen das Ergebnis!

- Weniger als zwei Milben in vier Tagen (1 oder 2 Milben/Tag): eher unbedenklich!
- Mehr als zwei Milben in vier Tagen: Winterbehandlung durchführen, sobald die Völker brutfrei sind → Varroabehandlung im Winter, S. 210.

NACH TOTEN VÖLKERN SCHAUEN

Leere Beuten mit viel Futter und Brut, wenigen oder gar keinen Bienen sind typisch für Varroaschäden.

FUTTERVERSORGUNG ÜBERPRÜFEN

Winterfutter kontrollieren:

- Schätzen durch Anheben des Bienenstocks.
- Bienenstock wiegen.

MASSNAHMEN DER GESUNDERHALTUNG

VARROABEHANDLUNG FESTLEGEN

→ Befall mit Varroamilben behandeln, S. 129

- Bei hohem Milbenbefall mit der Behandlung besser warten, bis die Völker im Winter brutfrei sind.

BEUTEN UND GERÄTE DESINFIZIEREN

Die Nester von an der Varroa-Virus-Infektion eingegangenen Völkern sind mit Viren kontaminiert:

- Die Beuten von an der Varroa-Virus-Infektion eingegangenen Völkern unbedingt schließen und desinfizieren.
- Holzteile und Holzbeuten mit Hitze behandeln.
- Kunststoffbeuten und Geräte mit Sodalösung oder für die Imkerei geeignetem Reiniger abwaschen.
- Waben vernichten oder mit 60%iger Essigsäure bedampfen.

ARBEITEN AM BIENENSTAND

Nachdem der Honig verarbeitet, die Bienenvölker eingewintert und die nicht überwinterungsfähigen vereinigt oder aufgelöst sind, muss man sich um die verbliebenen Beuten und Geräte kümmern.

BEUTEN UND GERÄTE DESINFIZIEREN

Für die Gesundheit der Bienen, aber auch die Qualität des Lebensmittels Honig ist Hygiene wichtig. Waben, die weiterverwendet werden sollen, sind bereits in sauberen Lagerstätten oder kommen in die gereinigten Honigräume. Dazu reicht es meist, diese auszukratzen. Die Beuten von schwachen oder abgestorbenen Völkern können aber mit Krankheitserregern kontaminiert sein. Auch sie werden zunächst ausgekratzt. Holzteile werden zusätzlich kurz mit einem Gasbrenner ausgeflammt. Man kann sie aber auch wie Kunststoffbeuten mit Sodalösung oder einem für die Imkerei geeigneten Reiniger auswaschen.

Nach Ausbruch einer Krankheit verwendet man am besten 2- bis 5%ige Ätznatronlauge oder andere dafür geeignete Desinfektionsmittel. Im Falle des Ausbruchs der Amerikanischen Faulbrut wird die Art der Desinfektion von der Veterinärbehörde vorgeschrieben. Wer Königinzucht betreibt, muss natürlich auch Zuchtrahmen und Begattungskästchen wie zuvor reinigen. Aber auch sonst besteht eine besondere Gefahr bei Stockmeißel, Abkehrbesen oder Federn.

Holzbeuten von toten Völkern flammt man am einfachsten von innen kurz aus, um sie zu desinfizieren.

Bienenbeuten und Waben aus an der Varroa-Virus-Infektion eingegangenen Völkern werden mit Essigsäuredämpfen desinfiziert. Die Brutwaben werden eingeschmolzen.

Durch sie werden leicht Krankheitserreger von einem Volk zum anderen verschleppt. Auch sie müssen gereinigt und besonders Federn und Besen von Zeit zu Zeit erneuert werden. Um eine Infektionskette von einem Bienenstand zum anderen zu vermeiden, sollte auf jedem Stand ein eigenes Set dieser Werkzeuge verwendet werden.

Das Futtergeschirr, egal ob es in das Beutensystem integriert oder ein Behälter eingestellt wird, muss gründlich gesäubert werden. Da dieser Bereich von den Bienen nicht überwacht und gesäubert wird, steht er ganz unter unserer Obhut. Vor allem sind aber die Reste des zuckerhaltigen Futters ideale Brutstätten für alle möglichen Keime und beginnen schnell zu gären. Futterreste müssen schnell entsorgt und die Gefäße mit Wasser ausgewaschen werden. Wasser reicht in der Regel auch aus, um die für die Verarbeitung von Honig verwendeten Geräte und Gefäße zu reinigen.

Bleibt am Ende noch zu erwähnen, dass man die zur Kontrolle des Varroabefalls verwendeten Bodenschieber ebenfalls von Zeit zu Zeit säubern sollte. Hier verhindert das darüber angebrachte Gitter, dass sich die Bienen selbst darum kümmern. Bei den an der Varroa-Virus-Infektion eingegangenen Völkern sollte man zusätzlich Essigsäure verdunsten, um die Viren abzutöten. Dazu wird ein mit Essigsäure getränktes Schwammtuch zwischen die Wabenstapel gelegt. Kunststoffteile werden ähnlich desinfiziert. Bei Holzteilen kann man kurz mit der Flamme darüber gehen.

ARBEITEN IM BIENENGARTEN

Im Bienengarten nehmen die eigentlichen Gartenarbeiten weiter ab. Wer will, kann jetzt Rosen pflanzen und Steckhölzer vermehren. Wie in der Imkerei müssen die Geräte winterfest gemacht werden. Wegen des nahenden Frostes ist alles, was Wasser enthält oder sich damit vollsaugen kann, gefährdet. Viele Laubbäume lassen ihre Blätter fallen. Das Laub sollte zumindest an vielen Stellen liegen bleiben, denn es bietet für viele Tiere, insbesondere Insekten wie Hummeln, Unterschlupf für den Winter.

FÜR WILDBIENEN SORGEN

Wer etwas zum Schutz der Wildbienen tun möchte, findet jetzt sicher Zeit, ihnen einen Platz mit Nisthilfen, oft auch „Bienenhotel" genannt, anzubieten. Zunächst baut man einen stabilen Standplatz, der nicht gleich beim ersten Windstoß umfällt. Nach Süden ausgerichtet, sollte er genügend Sonne bieten und auch vor Regen und Wind ausreichend geschützt sein. Die einzelnen Fächer werden mit unterschiedlichem Nestmaterial befüllt. Als Nisthilfe werden in trockenes Holz, Lehm und Stein Gänge mit 2 bis 10 mm Durchmesser gebohrt. Jedes Loch sollte zehnmal so lang wie breit sein, ein 5 mm dickes Loch wird also 5 cm lang.

Strangfalzziegel haben bereits Löcher und können übereinandergelegt werden. Hohle Pflanzenstängel bietet man in verschiedenen Größen und Durchmessern an. Sie müssen gut verschnürt sein, da sie sonst von Vögeln als Nistmaterial abtransportiert werden. Auch Bambus ist ein ideales, vor allem wetterfestes Nistmaterial. Wenn es Probleme mit Vögeln gibt, muss man einen „Kaninchendraht“ als Schutz anbringen. Im ersten und manchmal auch zweiten Jahr wird der Beflug von Wildbienen noch gering sein, aber schon bald herrscht zu unterschiedlichen Jahreszeiten reger Flugbetrieb. Auch wenn naturgemäß einzelne Arten überwiegen, macht es Spaß, die Wildbienen zu beobachten. Wir haben unsere Station mit Nisthilfen für Wildbienen so aufgestellt, dass auch die Nachbarn und Spaziergänger an dem Treiben teilhaben können. Eine bessere Werbung für den „Bienenschutz“ gibt es kaum.

Bausünden bei der Herstellung von Nisthilfen: Bohrlöcher in Baumscheiben (links) werden kaum besiedelt. Es darf nur ins Längsholz (rechts) gebohrt werden. Weiterhin dürfen die Bohrungen nicht so unsauber wie hier sein, da sich die Bienen daran die Flügel verletzen. Ebenso darf man kein Weichholz wie Fichte, sondern nur Hartholz wie Obstgehölze verwenden.

Selbst der Bau einer Nisthilfe für Wildbienen bzw. Wildbienenhotels kann wie hier auf öffentlichem Gelände als Werbung für Bienen in der Nachbarschaft genutzt werden.

DER BEUTENTYP

Der Bien ist sehr flexibel und nimmt bei fehlenden Alternativen für eine Nisthöhle das, was ihm vorgesetzt wird. Wenn wir die Königin schon vorher in den Kasten geben oder den Schwarm direkt einschlagen, hat er sowieso keine Wahl. Wenn der Bien sich frei entscheiden könnte, dann würde er nach verschiedenen Untersuchungen ein kleines Beutenvolumen von etwa 40 Litern wählen. Denn ein kleines Volumen erleichtert nicht nur, die Bruthygiene zur Selbstheilung aufrechtzuerhalten, sondern führt auch bald zur Vermehrung durch Schwärmen.

Beides sind wichtige Voraussetzungen, um das Überleben des Biens zu sichern. Ganz anders bewerten es häufig die Imker*innen: Sie wählen in der Regel eine große Beute, um das Schwärmen zu verhindern und mit größeren Völkern bessere Honigernten zu erzielen. Wer sich mit einer frühen Schwarmstimmung nicht anfreunden kann, sollte zumindest versuchen, durch gezieltes Einengen und Erweitern die Gesundheit des Biens und die wichtige Bruthygiene aufrechtzuerhalten.

DEN BEUTENTYP AUSWÄHLEN

Meistens entscheidet man sich am Anfang der Bienenhaltung für einen Beutentyp und bleibt in der Regel auch dabei. Zu diesem Zeitpunkt stehen unter Umständen andere Dinge im Vordergrund. So kann es wichtig sein, sich an den von den meisten Imker*innen in der Umgebung verwendeten Beutentyp zu halten. Dies erleichtert es, Ideen und Gedanken auszutauschen und aus Erfahrungen zu lernen. Wenn man mit anderen zusammen imkert, ist die Entscheidung sowieso meist schon gefallen.

Grundsätzlich stehen drei Beutensysteme zur Auswahl: Im Magazin sind Brut- und Honigraum übereinander und im Trog hintereinander angeordnet. Bei beiden Systemen bearbeitet man die Völker von oben. Bei der schrankähnlichen Beute geschieht dies von hinten, weshalb sie auch Hinterbehandlungsbeute genannt wird. Dieser Beutentyp ist in Bienenhäusern oder Bienenwagen sehr beliebt, da man ihn dicht neben- und übereinander stellen kann. Wegen der fehlenden Mobilität der einzelnen Beuten und der hohen Ansteckungsgefahr werden sie aber immer seltener verwendet.

Trogbeuten sind wegen ihres Gewichts ebenfalls wenig mobil. Andererseits müssen weder Brut- noch Honigräume abgenommen werden. Sie verleiten also nicht dazu, schwere Gewichte zu tragen. Zudem kann man in Trogbeuten das Nest sehr behutsam einengen und erweitern, was sie vor allem für die naturgemäße Imkerei interessant macht. Am weitesten verbreitet sind ohne Frage die Magazinbeuten. In Deutschland haben sich nach den Wabenmaßen die Großraumbeute mit Dadantmaß und die Beute mit geteiltem Brutraum mit Deutsch-Normal- und Zandermaß durchgesetzt. Alle haben ihre Vor- und Nachteile. Hier hängt die Entscheidung stark von den eigenen Wünschen ab. Auch wenn die Tüftler*innen auf ihr System schwören, dürfte dem Bien das alles ziemlich egal sein. Bei der Wahl des für den Bau der Beute verwendeten Materials ist das anders. Die Bienen sind von ihren natürlichen Nistplätzen Holz gewohnt und haben sich in ihrem Verhalten auch darauf eingestellt. Die Holzart ist dann eher für das Gewicht und die Haltbarkeit wichtig. In Beuten aus Kunststoff entwickelt sich der Bien ähnlich gut, manche meinen sogar besser. Doch schon bei der Wintertraube und erst recht beim Reinigungsflug merkt man die Unterschiede. Aus der warmen Stube heraus sieht die Welt eben ganz anders aus. Man konnte diese Probleme mit offenen Böden abstellen. Kunststoffe sind jedoch wesentlich problematischer als Holz, sowohl in der Herstellung als auch in der Entsorgung.

Die eigentlich für Afrika entwickelten Top-Bar-Beuten erlauben auch bei uns einen einfachen Naturwabenbau und einen sehr schonenden Umgang mit den Bienen.

Ohne Frage gehört zu jeder Beute ein an sie angepasstes Betriebssystem. Wer die Schwarmstimmung einfach durch Kippen des oberen Brutraums kontrollieren und die Völker raumweise erweitern möchte, wird sich für das Magazin mit geteiltem Brutraum und demselben Wabenmaß im Honigraum entscheiden. Zudem kann man so den unteren Brutraum leicht entfernen, wenn sich das Volk im Frühjahr nach oben gezogen hat. Wer die Schwarmkontrolle über das Ausbrechen von Weiselzellen und die Erweiterung mit vielen Waben nicht ohne Weiteres akzeptiert und die Ordnung im Brutraum weitgehend den Bienen überlassen möchte, wird sich für einen ungeteilten Brutraum entscheiden. Denn im geteilten Brutraum kommen nach getrennter Durchsicht der Zargen nicht immer alle Waben wieder an den alten Platz. So zerstört man die Ordnung im Brutnest und zwingt den Bien, danach alles neu zu richten. Die Unterbrechung der Brutfläche ist wohl weder für Bienen noch die Königin ein wirkliches Hindernis, aber kommt in jedem Fall nicht in der natürlichen Umgebung vor.

In einer Großraumbeute wie der Dadant-Beute ist der Brutraum ungeteilt. Dadurch kann der Raum leicht mit einem Schied eingeengt werden.

DER WABENBAU

Die Auswirkungen der Varroa-Virus-Infektion und die Nebenwirkungen der Medikamente, aber auch zunehmende Umweltbelastungen machen den Bien anfälliger für zahlreiche Infektionen und Krankheiten. Da stellen sich viele die Frage, ob nicht auch manche imkerlichen Eingriffe die Widerstandskraft des Biens weiter schwächen und ihm die Möglichkeit zur Selbstheilung nehmen.

Neben der Größe und Anordnung der Waben könnten auch Mittelwände dazu gehören. Ohne Frage erhöht sich dadurch die Leistung eines Volks, denn für die Produktion von Wachs wird Honig benötigt. Allerdings nimmt man dem Bien damit weitgehend den höchst komplexen Prozess des Wabenbaus. Vor allem wird sein Drang, Drohnenbrut aufzuziehen, mit den vorgeprägten Arbeiterzellen unterbunden.

Wird das Wachs für Mittelwände häufig wiederverwendet, können sich darin Rückstände anreichern. Dies und Wachsverfälschungen können kurz- und langfristig zu beinahe tödlichen (subletalen) Schäden bei den aus diesen Brutzellen schlüpfenden Bienen führen. Naturwabenbau ist somit für den Bien natürlicher und gesundheitsfördernder.

Trotzdem sollte man die eigenen Bedürfnisse nicht ganz zurückstellen. Wir verwenden gedrahtete Baurahmen mit Anfangsstreifen im Brutnest. Dadurch erhalten die ausgebauten Waben die richtige Richtung und Stabilität. Zur Kontrolle können die Waben ohne Bedenken geneigt werden. Ohne Frage schränken im Naturwabenbau zu viele Drohnenzellen die Aufzucht von Arbeiterinnen ein. Dies kann man sanft lenken, indem man Waben vom Schwarm oder einem Volk mit einer jungen Königin bauen lässt. Auch wenn für den Winter eingefüttert wird, bauen die Bienen weniger Drohnenzellen. Im Honigraum bereiten Baurahmen dagegen häufig Probleme. Schließlich kommt es im natürlichen Nest des Biens nie vor, dass sich über dem Brutnest ein Bereich ohne ausgebaute Waben befindet. Das zeigt sich dann oft an der schlechten Annahme des Honigraums. Gibt man den Bienen nichts vor, legen sie einen wirren Nestbau an. Um dies zu verhindern und die Annahme zu verbessern, verwenden wir im Honigraum immer in allen oder einem Teil der Rähmchen Mittelwände.

Am Ende bleibt noch die Frage nach der Organisation der Waben. Im „Kaltbau" sind sie zum Flugloch hin und im „Warmbau" quer dazu ausgerichtet. Die Bezeichnung ist irreführend, da es unabhängig von der Wabenstellung wegen der Luftzirkulation im Nest immer gleich warm oder kalt ist. Wenn die Bienen selbst wählen dürften, würden sie sich nach der in ihrem Altvolk gegebenen Ausrichtung im Erdmagnetfeld richten. Auch in der Imkerei ist es eigentlich ohne große Bedeutung und eher Geschmackssache. Dies gilt übrigens für viele der unendlich vielen Variationen der Beutentypen. Am Ende sollte sich der Bien darin und man selbst damit wohl fühlen.

In einer Magazinbeute wie der Zanderbeute ist der Brutraum geteilt. Hier kann der obere beispielsweise zur Schwarmkontrolle einfach gekippt werden.

Foto: J. Schwenkel

KLEINER BEUTENKÄFER

Der Kleine Beutenkäfer war ursprünglich in Afrika heimisch und hat sich inzwischen auch in anderen Teilen der Welt verbreitet. Vor kurzem ist er auch nach Italien eingeschleppt worden. Auch wenn er sonst in Europa noch nicht aufgetreten ist, muss sein Vorkommen überall angezeigt werden. Die Bekämpfung erfolgt nach Anweisung der zuständigen Veterinärbehörde.

AUFFÄLLIGKEITEN VOR DEM VOLK

- Etwa 12 mm lange Larven kriechen meist nachts aus dem Flugloch.
- Vergorener Honig läuft aus der Beute.

SYMPTOME IM VOLK

- Die betroffenen Völker sind in der Regel schwächer.
- Käfer und Larven laufen auf den Waben.

SYMPTOME IM HONIGLAGER

- Honigvorräte sind in Waben vergoren.
- Honig läuft aus den Behältern mit Waben.
- Käfer und Larven überall in den Behältern und am Boden.

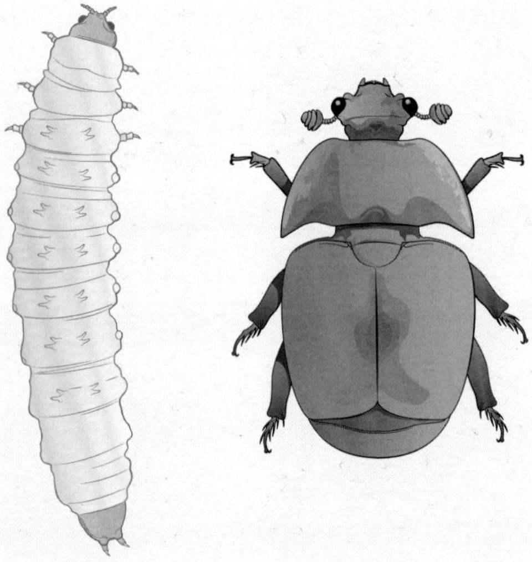

Der Kleine Beutenkäfer ist 5 bis 6 mm lang und 3 mm breit und kann leicht mit manchen heimischen Glanzkäfern verwechselt werden.

URSACHEN

- Kleiner Beutenkäfer (*Aethina tumida*).
- Schnelle Differenzierung ist am Stand möglich: Der Kleine Beutenkäfer ist etwa ein Drittel so groß wie eine Honigbiene und hell- bis dunkelbraun gefärbt.
- Probe verdächtiger Käfer sammeln.
- Die Diagnose erfolgt im Labor: makroskopisch, molekulargenetisch (PCR).

VERWECHSLUNG

- Kann leicht mit heimischen Käfern wie dem Braunen Glanzkäfer (*Cychramus luteus*) verwechselt werden.
- Vergorener Honig und massenhaft Larven treten auch bei starkem Befall mit Fliegen auf.

AUSBREITUNG

- Neueinschleppung:
  - Kauf von Völkern und Königinnen,
  - Waben, ungereinigtes Wachs und Geräte.
- Im Bienenvolk:
  - Käfer legen die Eier bevorzugt versteckt unter die Zelldeckel und zwischen die Ohren der Oberträger und der Kastenauflage.
  - Die 1,5 mm langen Larven wachsen zu 12 mm langen Wanderlarven aus.
- Die Wanderlarven vergraben sich zur Verpuppung im Erdboden vor dem Nest.
- Geschlüpfte Käfer suchen bevorzugt Bienenvölker in der Nähe auf.
- Im Notfall werden alternative Nistplätze wie reife Äpfel etc. besiedelt.

- Zwischen Bienenvölkern:
  - Über aktiven Zuflug von Käfern.
  - Durch Waben, Futter, Beuten und Geräte.
  - Durch Verstellen von Bienenvölkern.

BEKÄMPFUNG

- Befall gilt als vorhanden bei Vorkommen von Eiern, Larven oder adulten Käfern.
- Bei Erstbefall nach Anweisung der Veterinärbehörde vorgehen:
  - Befallene Völker abtöten.
  - Geräte, Beuten und Waben vernichten oder desinfizieren.
  - Boden am Stand entseuchen.
- Bekämpfung bei bestehender Verbreitung:
  - Mit zugelassenen Medikamenten.
  - Mit Öl-Fallen.

In stark mit dem Kleinen Beutenkäfer befallenen Beuten oder Wabenhältern fermentiert der Honig und läuft aus. Foto: Michael Duncan

VORBEUGUNG

- Keine unerlaubten oder unkontrollierten Importe von Bienenschwärmen und Königinnen zulassen!
- Nur mit europäischem bzw. nationalem Gesundheitszeugnis wandern und Bienen kaufen.
- Keine Waben zukaufen.
- Gebrauchte Geräte und Beuten kontrollieren und desinfizieren.
- Völker bei bestehender Verbreitung:
  - Bienen müssen das Nest kontrollieren können.
  - Auf einen guten Putztrieb der Bienen (Hygieneverhalten) achten.
  - Kleines Flugloch wählen.
  - Gitterboden eher geschlossen halten.
- Honiglager bei bestehender Verbreitung:
  - Entnommene Honigwaben am nächsten Tag schleudern.
  - Waben kühl bei <10 °C oder trocken <50 % relativer Luftfeuchte lagern.

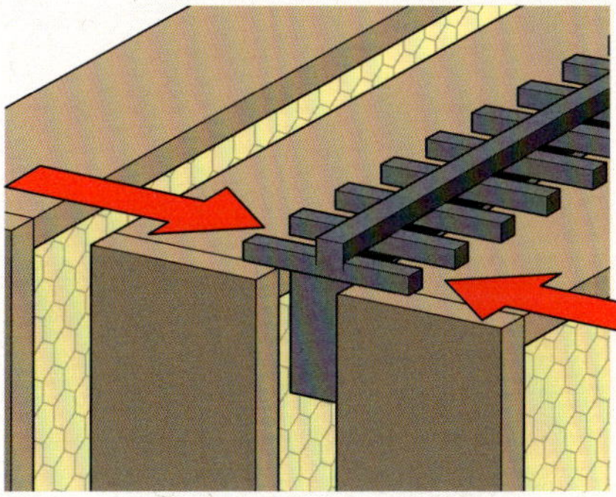

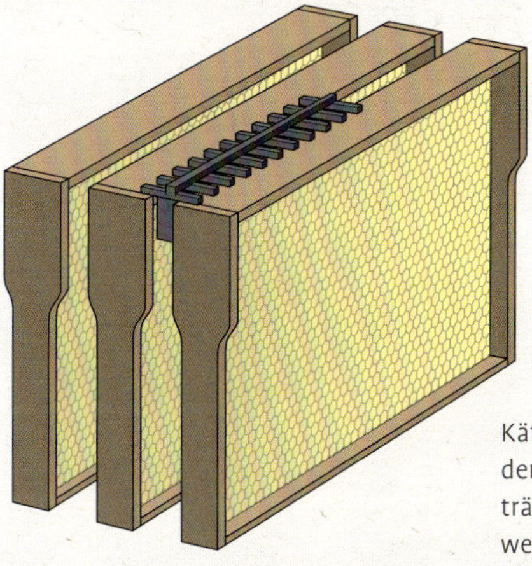

Käfer verstecken sich auf der Flucht vor den Bienen in den zwischen den Oberträgern eingehängten Containern und werden dort im Speiseöl gefangen.

WINTER

Kurz und bündig

- Die Jahreszeit beginnt mit dem Nadelfall der Lärche ➜ links.
- Allgemein herrscht Ruhe in der Vegetation
- Die Wintertraube wird sehr kompakt.
- Die Brutaufzucht geht weiter zurück und wird vorübergehend eingestellt.
- Die Winter-Behandlung der Varroa-Virus-Infektion in brutfreien Völkern steht an.
- In kurzen Perioden über 10 °C kann es zu Reinigungsflügen kommen.

WINTER: RUHE IN DER VEGETATION UND AM BIENENSTAND

Nachdem sich die Blätter der Stieleiche im Spätherbst verfärbt haben, zeigt nun ihr Fall wie auch der der Lärche den Winter an. Mit Temperaturen nahe dem Gefrierpunkt haben die Bäume den Wassertransport eingestellt. Bei gefrorenem Boden wäre der Wasserverlust über die Blätter sonst größer als die Aufnahme über die Wurzeln, und die Bäume müssten sterben. Nur Laubbäume mit geringer Verdunstung, wie der Lorbeerbaum, sowie Nadelbäume werfen außer der Lärche ihre Blätter nicht ab.

Je nach Höhenlage fällt im Winter Schnee. Aber selbst dort ist dies immer seltener von langer Dauer. Zumindest in tieferen Lagen kommt es nur noch alle sieben bis acht Jahre zu einer weißen Weihnacht. Häufig folgt erst zur Jahreswende die Neujahrskälte. Insgesamt werden die Winter immer milder und kürzer → Klimaveränderungen und Bienen, S. 16. Die heimischen Pflanzen sind aber an unser Klima angepasst und verharren selbst bei mildem Wetter in der Winterruhe. Die Dauer dieser Ruhezeit sind für viele Pflanzen insbesondere Samen wichtig, um danach auskeimen zu können. Im Vieljahresschnitt des Deutschen Wetterdienstes dauert der Winter in Deutschland von Anfang November bis Mitte Februar.

Eine andere Zeigerpflanze ist die Stieleiche, deren Blattfall ebenfalls den Winter anzeigt.

TRACHTPFLANZEN

Keine.

VORGÄNGE IM BIENENVOLK

Am Anfang des Winters geht die Brutaufzucht immer weiter zurück. Nach mehreren Nächten mit Frost wird sie ganz eingestellt.

NACH DEM FROST WIRD DER BIEN BRUTFREI

Drei Wochen später ist der Bien brutfrei. Nun kann die Behandlung gegen die Varroamilbe erfolgen. Von kälteren Lagen abgesehen, beginnen sie ab der Wintersonnenwende (21. Dezember) mit den nun wieder länger werdenden Tagen mit dem Brüten.

Bienenvolk im Dadant-Brutraum. Rot = Brut, gelb = Honig, blau = Pollen (rechts Jungvolk).

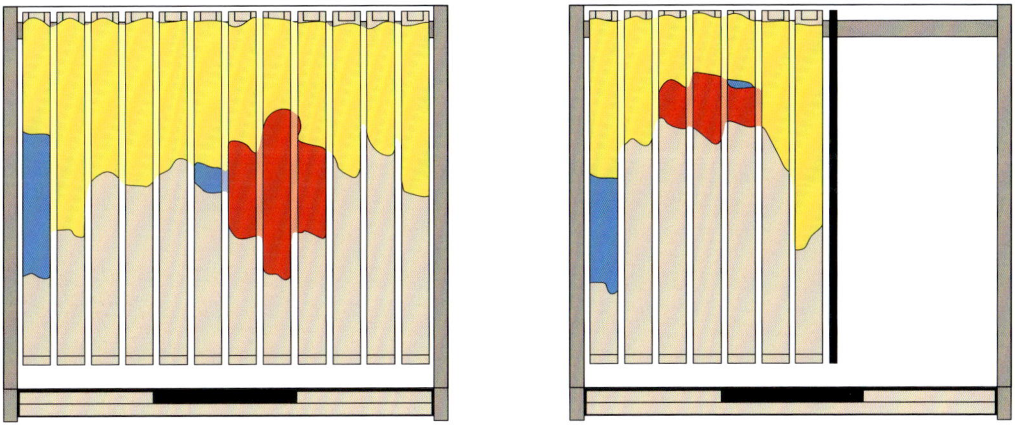

Das sollte man wissen

- Nach mehreren Nächten mit Frost wird die Brutaufzucht eingestellt.
- Schwächere Völker mit einer starken Varroa-Virus-Infektion oder mit bereits vorgeschädigten Bienen sind bereits in den Wochen zuvor gestorben oder gehen jetzt ein.
- Beide Erreger der Nosemose, *Nosema apis* und *Nosema ceranae*, vermehren sich in den Winterbienen gar nicht oder nur wenig.
- Bei Frost im Außenlager für Vorratswaben werden die Sporen des Erregers von *Nosema ceranae* abgetötet.

Bienenvölker sollten auch im Winter nicht so dicht beieinanderstehen, sondern, wenn es der Platz wie auf dem Gelände des Imkervereins im Welchental in Freiburg zulässt, besser verteilt werden.

DAS IST ZU TUN

NESTEINGANG BEOBACHTEN

- Tote Bienen entfernen.
- Beuten abgestorbener Völker wegen Räubereigefahr schließen oder abräumen.

LEERE BEUTEN ABRÄUMEN

- Beuten von eingegangenen Völkern schließen und abräumen.
- Brutwaben einschmelzen.
- Waben mit 60%iger Essigsäure bedampfen oder einschmelzen.

ARBEITEN AM BIENENVOLK

An den Bienenvölkern selbst ist in dieser Zeit kaum etwas zu tun.

FLUGLÖCHER FREIHALTEN

Man sollte ab und zu überprüfen, ob die Flugöffnungen noch frei sind. Besonders wichtig ist dies nach starkem Schneefall oder bei Frost nach Tauwetter. Natürlich können auch tote Bienen das Flugloch verstopfen. Man wird auch mal „anklopfen", ob noch alle leben.

GESUNDHEITSÜBERWACHUNG

KLOPFPROBE DURCHFÜHREN

Nach kurzem Klopfen direkt mit dem Ohr oder einem Stethoskop an der Beutenwand horchen:

- Kurzes Aufbrausen: Volk lebt und alles scheint in Ordnung.
- Langes Heulen: Volk ist höchstwahrscheinlich weisellos.
- Keine Antwort (auch nach stärkerem Klopfen): Volk vermutlich tot.

NESTEINGANG BEOBACHTEN

- Kotspritzer sichtbar: Hinweise auf mögliche Nosemose oder Ruhr-Erkrankung.
- Wenige tote Bienen: Kein Problem, das ist der normale Abgang.
- Hoher Totenfall vor oder im Nest: Unbedingt weiter beobachten.

BEFALL MIT VARROAMILBEN ERKENNEN UND HANDELN

→ Befall mit Varroamilben erkennen, S. 129

Der natürliche Milbenfall sollte frühestens vier Wochen nach der letzten Behandlung kontrolliert werden. Tote Bienen auf dem Bodengitter beeinflussen das Ergebnis!

- Weniger als eine Milbe in zwei Tagen (<1 oder 2 Milben/Tag): Alles ist im grünen Bereich.
- Mehr als eine Milbe in zwei Tagen (>1 oder 2 Milben/Tag): Winterbehandlung ist notwendig.

Mithilfe eines Stethoskops kann man sehr gut horchen, wie das Volk auf leichtes Anklopfen reagiert.

Zum Check der Bienenvölker müssen die Beuten nicht geöffnet werden – Klarheit kann man sich auch ganz sanft von außen mit einigen einfachen Methoden verschaffen.

NACH TOTEN VÖLKERN SCHAUEN

- Leere Beuten mit viel Futter und Brut, wenigen oder gar keinen Bienen sind typisch für Varroaschäden.

BIENENVÖLKER OHNE ÖFFNEN DER BEUTE KONTROLLIEREN

Geräuschkontrolle: Das Ohr an den Kasten halten oder – etwas bequemer – mithilfe eines Stethoskops horchen, es verrät manches über das Treiben drinnen. Gibt es nach dem Anklopfen ein kurzes

Die Gemüllstreifen auf der Bodeneinlage zeigen, wo der Bien sitzt. Je nachdem, wie viele Milben abgefallen sind, kann man dann die Bienen gezielt behandeln.

Aufbrausen, ist alles okay. Langanhaltendes Heulen weist auf Weisellosigkeit hin. Stille lässt nichts Gutes ahnen. Das Volk kann tot sein oder das Nest kahlgeflogen und somit leer: Wegen Varroa und Viren hat der Bien seinen Zusammenhalt und haben die Bienen ihre Orientierung verloren. Sie sind nach dem Ausfliegen gestorben oder nicht mehr zurückgekehrt.

Gemüll-Diagnose: Der Bodenschieber ist von der Winterbehandlung noch drin und bleibt es besser auch, wenn die Völker bereits richtig brüten. An den Gemüllstreifen sieht man, wo das Volk sitzt und wie stark es ungefähr ist. Viele Wachsdeckel deuten auf einen erhöhten Futterbedarf bei aufkommender Brutaufzucht hin. Findet man Krümel von Brutdeckeln (seidige Kokonreste), ist das Brutgeschäft schon voll im Gange – die ersten Bienen schlüpfen.

Nicht zuletzt kann man mit dem Gemüll auch den natürlichen Varroa-Abfall bestimmen und entscheiden, ob man behandeln muss ➜ Gemülluntersuchung, S. 28. Nach der Behandlung gibt die Zahl der abgefallenen Milben einen Hinweis darauf, wie effektiv die Behandlung im Spätsommer war. Im ausgehenden Winter zeigen viele natürlich abgefallene Milben an, dass man das Volk weiter beobachten und im Notfall gleich zur Auswinterung eingreifen muss.

MASSNAHMEN DER GESUNDERHALTUNG

VARROABEHANDLUNG FESTLEGEN

Den Bien so wenig wie möglich stören und das Nest weitgehend unverändert lassen.

- Brutfreiheit kontrollieren.
- Völker sind drei Wochen nach den ersten Frostnächten in der Regel brutfrei.
- Wenig Restbrut kann toleriert werden.
- Eine Behandlung mit Oxalsäure und Milchsäure ist bis Ende des Jahres möglich.
- Bei Behandlung mit Oxalsäure sollte die Wintertraube eng sitzen.
- Zum Besprühen mit Milchsäure muss die Wintertraube auseinandergerissen werden. Sie sollte daher nicht zu kompakt sein und die Temperatur nicht unter 5 °C liegen.
- Alle Medikamente nach Anweisung der Hersteller anwenden.

Die Oxalsäure-Lösung wird mit einer Spritze in die einzelnen von den Bienen besetzten Wabengassen geträufelt.

Mit Oxalsäure träufeln

- Die brutfreien Völker müssen eng sitzen.
- Am besten morgens bei Temperaturen zwischen +3 °C und 10 °C behandeln.
- Achtung! Zweite Behandlung mit Oxalsäure führt in der Regel zu Schäden.

Mit Milchsäure sprühen

- Zweimal im Abstand von 7 Tagen bei Temperaturen von 5 °C bis 15 °C sprühen.
- Nur stärkere Völker vertragen das Auseinanderreißen der Wintertraube.

DESINFEKTION

➜ Beuten und Geräte desinfizieren, S. 193

Die Nester von an der Varroa-Virus-Infektion eingegangenen Völkern sind mit Viren kontaminiert:

- Geräte und Beuten mit Hitze desinfizieren.
- Waben vernichten oder mit Essigsäure begasen.

Brutfreie Völker sind die Voraussetzung für eine erfolgreiche Behandlung der Varroa-Virus-Infektion im Winter. Bei nicht zu hohem Gesamtbefall kann aber auch noch vorhandene Restbrut akzeptiert werden, zumal die Manipulation beim Ausschneiden oder Entdeckeln der Brut für den Bien schädlicher wäre als die wenigen darin überlebenden Milben.

VARROABEHANDLUNG IM WINTER

Man sollte die Störungen durch die Behandlung so gering wie möglich halten. Denn selbst wenn sie keinen Schaden verursachen, erhöht sich der Futterverbrauch beachtlich.

Außerdem müssen die Bienen alles, was sie mit viel Mühe für den Winter mit Propolis verkittet hatten, wieder gegen Zugluft abdichten. Das gilt natürlich besonders, wenn die Waben zum Besprühen einzeln herausgenommen werden müssen. Aber auch das Träufeln des Medikaments kann Probleme bereiten, da die Wintertraube in dieser Jahreszeit unter einer Futterglocke meist tief unten in der Beute sitzt. Wenn man es einfach von oben in die Wabengasse träufelt, geht viel Wirkstoff verloren; denn alles, was nicht direkt auf die Körper der Bienen gelangt, wird nicht mehr angerührt. In großen Bruträumen wie Dadant kann man die Spritzöffnung mit einem Schlauch verlängern und bei geteiltem Brutraum – wie bei Zander – den oberen anheben. Allerdings reißt damit die Wintertraube auseinander und es braucht Zeit, bis sich alles wieder neu geordnet hat.

Ohne Frage darf man ausschließlich zugelassene Medikamente verwenden. Nur wenn man die vom Hersteller vorgegebenen Behandlungsvorschriften und Wartezeiten einhält, kommt es zu keinen unzulässigen Rückständen in Bienenprodukten. Ebenfalls macht es wenig Sinn, die Bekämpfung bis zum Tod der letzten Milbe fortzusetzen, denn alle Medikamente haben Nebenwirkungen. Sie wirken – wie Oxalsäure und Milchsäure – desinfizierend und töten auch die sogenannten guten Bakterien und Pilze im Nest ab. Dies macht den Bien anfälliger für Krankheiten.

Ein Befall von 50 Varroamilben ist für den Bien im Winter und anschließenden Frühjahr unbedenklich und kann daher akzeptiert werden. Dieser ist erreicht, wenn weniger als zwei Milben in vier Tagen nach der Winterbehandlung abfallen. Dabei muss bedacht werden, dass Oxalsäure etwa vier Wochen und Milchsäure zwei Wochen nachwirken. Erst danach kann der natürliche Milbenabfall verlässlich bestimmt werden. Bei höherem Ausgangsbefall wird im Verlauf des nächsten Jahres schnell die Schadensgrenze erreicht. Manche Völker brechen dann schon kurz vor oder sofort nach der Behandlung im Spätsommer zusammen. Deshalb sollte man schon früh im Jahr mit biotechnischen Maßnahmen den Varroabefall senken. Dazu gehören neben dem Ausschneiden von Drohnenbrut alle Maßnahmen, die zu einer Unterbrechung der Brutaufzucht führen. Mittel- und langfristig wird man sowieso immer mehr solche Methoden der chemischen Behandlung vorziehen, denn sonst überleben am Ende immer nur die stärksten Milben, aus denen sich neue Populationen aufbauen.

Bei der Behandlung mit Milchsäure müssen die Waben einzeln entnommen und besprüht werden.

ARBEITEN AM BIENENSTAND

Als wir vor einigen Jahrzehnten die Imkerei lernten, wurde das Bienenhaus schon nach den ersten kühlen Nächten zur Tabuzone erklärt. Wehe, man hatte vergessen, etwas rauszuholen. Dann traute man sich nur noch auf Zehenspitzen hinein. Aber auch nur, wenn man von den Imkermeistern nicht erwischt werden konnte.

DAS BIENENHAUS ALS TABUZONE

Mit der Varroamilbe galt all dies nicht mehr: Die Bienenbeute wurde im Winter zur Behandlung geöffnet und, wenn nötig, das Nest zur Kontrolle der Brutfreiheit auseinandergenommen. Zur Überraschung überlebten die Bienenvölker diese massiven Eingriffe ohne sichtbare Probleme. Aber noch mehr verblüffte, dass es da mitten im Winter noch Brut gab, in den kleinen und geschwächten Völkern sogar am meisten. Die ersten Frostnächte sind immer der Auslöser dafür, dass die Brutaufzucht vorübergehend oder für längere Zeit eingestellt wird. Sobald nach 21 Tagen die letzte Brut geschlüpft ist, sind die Völker je nach Region und Wetterlage nur wenige Tage oder auch mehrere Wochen brutfrei.

STANDORT FÜR DIE ÜBERWINTERUNG BEURTEILEN

Für die Gesundheit des Biens sind frühe und häufige Reinigungsflüge entscheidend, denn dadurch können die Bienen abkoten und infizierte und kranke Bienen gehen verloren → Erstfrühling, S. 44. Flugwetter gibt es nur dort, wo es am Flugloch wärmer als 12 °C ist. Bienenvölker in Kaltluftseen haben das Nachsehen. Deshalb schaut man sich den Standort der Völker bei Tauwetter besonders genau an. Schmilzt der Schnee um die Bienenvölker zuerst, steht man richtig. Sonst sucht man sich am besten für die Zukunft eine solche Stelle → Den richtigen Standort suchen und einrichten, S. 214.

Im Winter sollten die Bienenvölker in Ruhe gelassen und nur zur Bekämpfung der Varroose kurz geöffnet werden. Zur Schneeschmelze kann man sehen, ob der Standort gut für die Überwinterung geeignet ist.

ARBEITEN IM BIENENGARTEN

Im Bienengarten gibt es außer der Ernte von Wintergemüse kaum etwas zu tun. Die meiste Arbeit hat sich ins Haus verlagert. An frostfreien Tagen kann man aber schon jetzt die Obstbäume schneiden. Über das was richtig ist, gehen die Meinungen auseinander. Wenn man sich trotzdem ran wagt, gibt nicht nur bessere Früchte und eine bessere Ernte, sondern auch mehr Nektar und Pollen für die Bienen.

DEN RICHTIGEN STANDORT SUCHEN UND EINRICHTEN

In der Natur wählt der Schwarm ein neues Nest in möglichst einem Kilometer Entfernung vom Altvolk allein nach dessen Eignung aus. Ob am neuen Nistplatz das Nahrungsangebot ausreicht, entscheidet sich ganz nach dem Prinzip „Trial and Error“. Bei einem Fehler geht das Ganze für den Bien tödlich aus. Der Bien hat nur das Ziel, sich zu vermehren und ausreichend viele Honigvorräte für den Winter anzulegen. Die Imker*innen wollen dagegen mehr. Da soll noch genügend für die Honigernte abfallen. Doch auch wenn man als reiner Bienenbeobachter keinen Honig entnehmen möchte, hat man eine große Verantwortung bei der Wahl des Standortes der Bienenvölker.

Ein geeigneter Bienenstand ist nach Norden durch Hecken und Bäume vor kalten Winden geschützt. Eine Blumenwiese mit Obstbäumen fördert die Entwicklung der Völker im Frühjahr. Eine lockere Aufstellung erleichtert die Bearbeitung und reduziert den Verflug. Der Stand ist nach Süden offen, sodass die Kaltluft abziehen kann und frühe Reinigungsflüge stattfinden.

DIE LAGE DES STANDES IM GELÄNDE

Geeignete Bienenstände sind z.B. durch Büsche oder Sträucher vor heftigen Winden abgeschirmt, denn Honigbienen fliegen dann nur ungern aus. Im Sommer schützt ein Standort unter Bäumen vor der Hitze. Allerdings kann dies im Winter ungünstig sein, da dann die Beuten zu lange im Kühlen stehen. Auf jeden Fall sollte der zur Überwinterung genutzte Standort in Richtung Süden offen sein, damit die Bienenbeuten möglichst frühzeitig von der Sonne beschienen werden. Besonders im Winter und Vorfrühling sind es oft nur wenige Stunden am Tag, an denen die Außentemperaturen hoch genug sind, um ausfliegen zu können. Meist ist dies in den frühen Nachmittagsstunden, wenn die Sonne im Süden steht.

Aus diesem Grund achtet der Schwarm bei der Wahl einer geeigneten Nisthöhle ganz besonders auf die Ausrichtung der Flugöffnung nach Süden. Wäre diese nach Osten orientiert, bekämen die Bienen nur den oft noch zu kühlen Morgen mit und bei nach Westen gerichteter Öffnung wären sie fast immer zu spät dran.

Im Winter und Frühling werden die Temperaturen am Standplatz aber auch von der Geländeform bestimmt. So kann die kalte Luft z.B. in Senken oder bei mit Hecken eingefriedeten Grundstücken nicht abziehen – es entstehen Kaltluftseen. Ob der Platz zur Überwinterung geeignet ist, kann man am besten bei der Schneeschmelze überprüfen → Überwinterungsstandort prüfen, S. 35.

KLIMA UND ABGANG VON BIENEN

Ein idealer Standort für die Überwinterung wirkt sich im ausgehenden Winter und Vorfrühling günstig auf die Gesundheit des Biens aus, da dann früher und häufiger Reinigungsflüge stattfinden. Dabei koten die Bienen nicht nur ab, sondern infizierte und kranke Bienen kehren nicht mehr in das Volk zurück.

Wenn es schon nicht mit dem Fliegen klappt, versuchen die Bienen, zu Fuß zurück ins Nest zu gelangen. Dann krabbeln die infizierten und kranken Bienen am Erdboden vor dem Nesteingang. Direkt auf den Boden gestellte Beuten oder daran angebrachte Aufstiegshilfen sind daher jetzt besonders ungünstig. Deshalb sollten die Völker etwas erhöht auf einem Bock oder einer Palette stehen.

Aufstiegshilfen dienen im Frühjahr und Sommer dazu, den mit Nektar voll beladenen Bienen den Anflug zu erleichtern. Im Winter und zeitigen Frühjahr erleichtern sie kranken und schwachen Bienen ins Volk zurückzukehren. Damit die Selbstheilung weiter erhalten bleibt, sollte man sie zumindest im Winter und Frühjahr entfernen.

Auch verklammte Bienen aufzusammeln und in das Nest zurückzugeben, macht den Selbstheilungsprozess zunichte und ist die Ursache mancher Völkerverluste aufgrund der Nosemose ➜ Nosemose, S. 64. Auch die in den 1960er-Jahren besonders im Süden Deutschlands und den angrenzenden Ländern verbreitete Tracheenmilbe ➜ Acarapisose, S. 42, die damals in ihrer Bedeutung der Varroose gleichkam, konnte im Wesentlichen mithilfe des vermehrten Abgangs von parasitierten Bienen überwunden werden.

Aber auch andere Krankheiten wie Kalkbrut werden durch das Klima am Standort beeinflusst. So darf es im Winter, aber besonders im Sommer nicht zu feucht sein. Die Bienen haben es sonst extrem schwer, die Feuchtigkeit im Nest zu regulieren. Dies wirkt sich aber auch bei einer Tracht fatal aus, wenn dem Honig das Wasser entzogen werden muss.

Doch auch ein zu trockener Standort bringt Probleme. Im Sommer kühlen die Bienen das Nest und darin vor allem die Brut mit Wasser. Im Winter benötigen sie Wasser zum Verflüssigen von kristallisiertem Honig. Wenn es im Sommer, aber besonders im Winter zu trocken ist bzw. Wasserstellen zu weit entfernt sind, sollte man sie in der Nähe des Standes schaffen ➜ Überwinterungsstandort prüfen, S. 35.

WIE VIELE VÖLKER SOLLEN ES SEIN?

Die oft gestellte Frage nach der günstigsten Zahl an Völkern am Standort ist schwer zu beantworten. Man sollte zuerst die Umgebung in einem Radius von ein bis zwei Kilometern nach möglichen Nahrungsressourcen inspizieren. Eine Blumenwiese im Frühjahr, Obstbäume und auch spät blühende Sorten lassen eine gute Versorgung vermuten. Man sollte nicht sofort mit zu vielen Völkern an einem neuen Standort beginnen und davon überrascht werden, wenn das Futter knapp wird und die Völker hungern. Besser erhöht man die Zahl der Völker langsam von Jahr zu Jahr.

Neben der Futterversorgung sollte man da auch die mögliche Übertragung von Krankheiten und die schonende Bearbeitung in trachtlosen Zeiten im Auge behalten. Denn bei zu großer Völkerdichte am Stand und in unmittelbarer Umgebung nimmt die Gefahr zu, dass

Damit sich die Bienen nicht verfliegen und Krankheiten übertragen, sollten die Bienenbeuten möglichst einzeln oder paarweise aufgestellt werden. Wo dies nicht möglich ist, kann man sie auch locker in der Reihe anordnen.

die Bienen räubern und sich verfliegen. Die wildlebenden Honigbienen wollen daher nicht mehr als ein Volk in einem Umkreis von einem Kilometer. In der Imkerei wären maximal 10 Völker pro Stand ein guter Kompromiss.
Dann muss man aber die Völker so aufstellen, dass sich die Honigbienen möglichst wenig verfliegen. Anstatt in der Reihe stehen sie besser einzeln oder paarweise.

DEN EIGENEN UND ANDEREN ANSPRÜCHEN NACHGEBEN

Die Imker*innen wünschen sich natürlich einen leicht zugänglichen Stand. Ob man immer direkt mit dem Auto anfahren muss, ist bei wenigen Völkern fraglich, bei großen Imkereien aber sicher wichtig. Ideal ist es natürlich, die Bienen im eigenen Garten aufzustellen, da man dann deren Umfeld besser beeinflussen kann.
Doch kein Grundstück ohne Nachbarn. Hier gilt es, Abstand zu halten und den Bienenflug so zu richten, dass niemand in der Umgebung gestört wird. Da können Gärten, Spielplätze, Sportanlagen und Fußgängerwege sein. Oft hilft schon ein Zaun oder eine Hecke, um den Flug möglichst nahe am Nest nach oben zu richten. Im ausgehenden Winter und Vorfrühling verhindert man so auch, dass die Bienen beim Reinigungsflug ihren Kot auf der Terrasse, über dem Wäscheständer oder Auto absetzen.
Bei voller Tracht ist eine Liegewiese in der Einflugschneise der Honigbienen auch nicht besonders erfreulich. Holen die Bienen am Pool des Nachbarn Wasser, kann man sie mit einer Wasserstelle näher am Stand ablenken. Letztendlich bleibt die Zahl der gehaltenen Bienenvölker ein kritischer Punkt. Starker Bienenflug wird von den Nachbarn anders gesehen als von Imker*innen. Wenn es zu einer gerichtlichen Auseinandersetzung kommt, entscheidet sich hieran oft die Frage der Ortsüblichkeit. Nicht nur bei einem neuen Stand ist es wichtig, Kontakt zu den Nachbarn aufzunehmen, ihnen die Zusammenhänge zu erklären, und zu versuchen, sie zu Freunden der Bienen zu machen. Da hilft oft ein Glas Honig als Trost über Verschmutztes oder Schmerzliches hinweg.

Im Bienenzaun sind die Löcher so gewählt, dass das man die Bienenvölker gefahrlos beobachten kann. Damit die Honigbienen nicht hindurchfliegen, müssen bei einem Abstand von 150 cm vom Flugloch die Öffnungen einen Durchmesser von 19 cm aufweisen. Umso geringer der Abstand ist, je kleiner müssen sie sein.

TROPILAELAPS-MILBE

Die Tropilaelaps-Milbe ist in Südostasien verbreitet und konnte sich bisher nicht außerhalb dieser Region etablieren. Auch wenn dieser Parasit in Europa noch nicht aufgetreten ist, muss sein Vorkommen überall angezeigt werden. Die Bekämpfung erfolgt nach Anweisung der zuständigen Veterinärbehörde.

AUFFÄLLIGKEITEN VOR DEM VOLK

- Tote Bienen liegen vor dem Nesteingang.
- Tote Brut wird aus dem Nesteingang getragen.

SYMPTOME IM VOLK

- Sehr kleine längsovale, weißliche bis dunkelbraune Milben (8 Beine).
- Milben laufen im Gemüll auf dem Beutenboden und auf den Waben.
- Beim Öffnen einer Brutzelle stürzen helle und dunkle Milben heraus.
- Milben parasitieren nicht auf erwachsenen Bienen und halten sich dort nur selten auf.

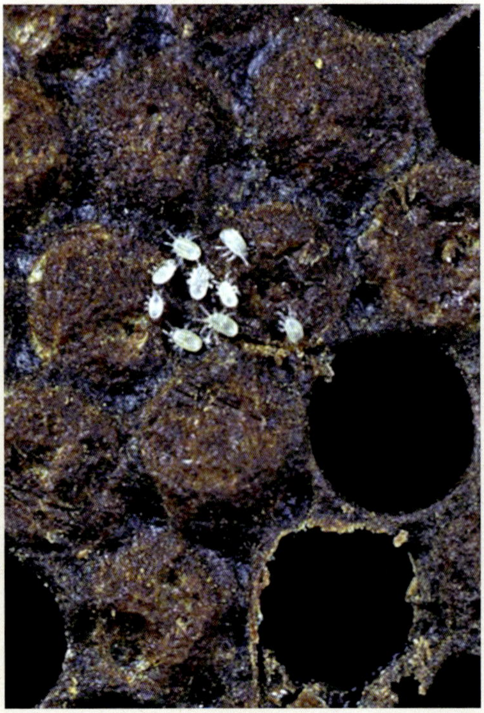

URSACHEN

- Tropilaelaps-Milben-Arten:
  - 1. *T. clarae* (schädlich), bis 1 mm lang.
  - 2. *T. mercedesae* (schädlich), bis zu 0,9 mm lang.
  - 3. *T. thaii* (eher harmlos), bis zu 0,9 mm lang.
  - 4. *T. koenigerum* (eher harmlos), bis zu 0,7 mm lang.
- Schädigen die Brut direkt und können Überträger des Deformierte-Flügel-Virus (DWV) sein.
- Parasitieren ursprünglich nur auf der in Südostasien verbreiteten Riesenhonigbiene *Apis dorsata* und später auf der eingeführten Westlichen Honigbiene *Apis mellifera*.
- Die Diagnose erfolgt im Labor: makroskopisch, molekulargenetisch (PCR).

VERWECHSLUNG

- Kann mit der inzwischen eher seltenen aber deutlich größeren 6-beinigen Bienenlaus (*Braula coeca*) kaum verwechselt werden.
- Leicht mit anderen Milben im Bienenvolk, wie z. B. Pollenmilben zu verwechseln.

Sobald man eine Brutzelle öffnet, laufen noch nicht fertig entwickelte Tropilaelaps-Milben auf der Wabe. Im Durchschnitt entwickeln sich bis zum Schlupf der Biene je Muttermilbe drei erwachsene Nachkommen.

Foto: Denis Anderson

In Asien sind Völker der *Apis mellifera* meist gleichzeitig mit Varroa- und Tropilaelaps-Milben befallen. Letztere entwickeln sich schneller und unterdrücken die Entwicklung der Varroamilben. Foto: Denis Anderson

AUSBREITUNG

- Neueinschleppung:
  - Kauf von Völkern und Bienen.
  - Kauf von Waben und Geräten.
- Im Bienenvolk:
  - Bis zu einem Dutzend Milben dringen vor der Verdeckelung in Brutzelle ein.
  - Jede Milbe legt ein bis vier Eier ab.
  - Drohnenbrut wird gegenüber Arbeiterinnenbrut bevorzugt.
  - Entwicklung dauert eine Woche.
  - Milben schlüpfen mit Bienenbrut.
  - Bei gleichzeitigem Befall mit Varroamilben vermehren sich die Tropilaelaps-Milben schneller.
  - Kann nur kurze Zeit außerhalb der Brutzelle leben.
- Zwischen Bienenvölkern:
  - Über Verstellen von Bienenvölkern.
  - Austausch von Brutwaben und Bienen.

BEKÄMPFUNG

- Befall gilt als vorhanden bei Vorkommen von Eiern, Larven oder adulten Milben.
- Bei Erstbefall nach Anweisung der Veterinärbehörde vorgehen:
  - Befallene Völker abtöten.
  - Geräte und Beuten desinfizieren.
- Bekämpfung bei bestehender Verbreitung:
  - Fast alle Medikamente wie bei der Varroa-Virus-Infektion wirksam.
  - Völker für drei Wochen brutfrei halten.
  - Geräte und Bienenmaterial für drei Wochen von Bienen isolieren.

VORBEUGUNG

- Keine unerlaubten oder unkontrollierten Importe von Bienenschwärmen und Königinnen.
- Nur mit europäischem bzw. nationalem Gesundheitszeugnis wandern und Völker kaufen.
- Keine Waben zukaufen.
- Zugekaufte gebrauchte Geräte/Beuten für drei Wochen von Bienen isolieren.

SERVICE

IMKERSPRACHE

Imker*innen haben ein eigenes Vokabular, dass es manchmal für Einsteiger*innen nicht einfach macht, sich mit ihnen zu unterhalten. Auch wenn wir im Buch auf viele dieser Ausdrücke verzichtet haben, möchten wir trotzdem hier die wichtigsten kurz erklären.

Afterweisel ▸ Arbeiterinnen, die nach Verlust der Königin mit dem Ablegen unbefruchteter Eier beginnen.
Ammendienst ▸ Die mit der Brutpflege beschäftigten Bienen geben Futtersaft an die Larven ab.
Arbeiterin ▸ Das, was im allgemeinen Sprachgebrauch unter der Honigbiene verstanden wird. Die Arbeiterin ist ein nicht fortpflanzungsfähiges Weibchen. Sie entwickelt sich aus befruchteten Eiern.
Auswintern ▸ Nach der Winterruhe wird das Volk auf eine gute Entwicklung und die erste Tracht im Frühjahr vorbereitet.

Bestiften ▸ Die Königin legt ein normales Ei, das am ersten Tag wie ein Stift senkrecht in die Brutzelle steht.
Beute ▸ Der Behälter, in dem die Bienen nisten. Häufig auch als Bienenwohnung oder Bienenstock bezeichnet.
Beutensystem ▸ Verschiedene Typen von Beuten, die Waben in bestimmter Zahl, Größe und Anordnung enthalten. Zu einem Beutensystem gehört auch eine bestimmte Betriebsweise.
Buckelbrut ▸ Wenn unbefruchtete Eier in Arbeiterbrutzellen abgelegt werden, entstehen die größeren männlichen Maden. Die Zellen müssen daher mit einem deutlich höheren Deckel versehen werden, der über die normale Brutfläche hinausragt.

Drohn ▸ Männliche Honigbiene, die sich aus einem unbefruchteten Ei entwickelt.
Drohnenbrütig ▸ Ein Volk ohne Königin, in dem die Arbeiterinnen mit der Ablage unbefruchteter Eier begonnen haben.
Durchlenzung ▸ Die Zeit nach dem Hauptreinigungsflug und dem ersten größeren Brutumsatz, in der die Winterbienen nach und nach gegen junge Sommerbienen ausgetauscht werden.

Fehlbrütig ▸ Die begattete Königin erzeugt nur Drohnenbrut.

Kahlfliegen ▸ Ein Bienenvolk hat alle Flugbienen und damit den größten Teil des Volks verloren. Auch der Verlust aller Bienen ohne sichtbaren Totenfall wird als Kahlfliegen oder Völkerkollaps (CCD) bezeichnet.
Kaltbau ▸ Die Waben sind in der Beute senkrecht zur Flugfront angeordnet. Die Außenluft kann direkt in allen Wabengassen gelangen.
Königin ▸ siehe Weisel

Läppertracht ▸ Das geringe Angebot an Bienenweidepflanzen kann in der Regel nicht als Honig geerntet werden.

Nachschaffungszelle ▸ Von den Bienen nach Verlust der Königin über jüngste Arbeiterinnenbrut angelegte Weiselzelle.

Ölwindel ▸ Ein mit Speiseöl getränktes Papier von einer Küchenrolle, dass zum Sammeln des Gemülls auf den Bodenschieber gelegt wird. Damit wird verhindert, dass Ameisen Milben wegtragen.

Räuberei ▸ Die Bienen dringen bei geringem Trachtangebot in die Nester fremder Bienenvölker ein, um Honigvorräte für den Bedarf des eigenen Volks zu rauben.
Reizfutter ▸ Mit einer Reizfütterung soll die Brutfähigkeit des Bienenvolks in einer trachtlosen oder -armen Zeit angeregt werden.

Spritztest ▸ Die Reife des Honigs wird geprüft, indem man die unverdeckelte Honigwabe kurz waagrecht ruckartig nach unten stößt. Unreifer Honig spritzt heraus.
Schwarm ▸ Zur Vermehrung verlässt ein Teil der Bienen mit der alten Königin das Volk und sucht eine neue Behausung auf.
Schwarmtrieb ▸ Der Trieb, zu schwärmen, wird vom Zustand des Bienenvolks und den genetischen Veranlagungen sowie anderen Faktoren bestimmt.
Stille Räuberei ▸ Nur einzelne Bienen dringen in die Nester fremder Völker ein, ohne dass am Flugloch Kämpfe sichtbar werden.
Stock ▸ siehe Beute

Tracht ▸ Das Angebot an Bienenweidepflanzen kann von den Bienen genutzt werden, um größere Vorräte an Honig oder Pollen anzulegen.

Umweiseln ▸ Die alte Königin wird durch eine neue ersetzt, da sie in ihrer Legeleistung nachgelassen hat.

Verbrausen ▸ Ist kein ausreichender Luftaustausch möglich, beginnen die Bienen unruhig zu werden und dabei übermäßig Wärme zu produzieren. Die Bienen verkleben zunächst durch den erbrochenen Honigmageninhalt und dann durch die schmelzenden Waben.

Warmbau ▸ Die Waben sind quer zur Flugfront angeordnet. Sie isolieren die einzelnen Wabengassen gegen die Außenluft.
Weisel ▸ Das Geschlechtstier im Bienenvolk, die Königin. Sie entwickelt sich wie Arbeiterinnen aus befruchteten Eiern. Ihre Larve wird aber mit besonders proteinhaltiger Nahrung versorgt.
Weisellos ▸ Ein Bienenvolk, das seine Königin verloren hat.
Weiselrichtig ▸ Das Volk enthält eine Königin.
Windel ▸ Eine auf den Bodenschieber gelegte Folie oder Papier, auf dem für die Bestimmung des Abfalls der Varroamilben das Gemüll gesammelt wird.

REGISTER

F

G

H

I

J

K

ÜBER DIE AUTOREN

Dr. Wolfgang Ritter ist weltweit anerkannter Experte für Bienengesundheit und setzt seit Jahren Maßstäbe in der natürlichen Gesunderhaltung der Bienen. Er ist spezialisiert auf ökologische Imkerei und Bienengesundheit und hielt 11 Jahre lang Vorlesungen und Seminare am Fachbereich ökologische Agrarwissenschaften der Universität Kassel. Mehrere Jahrzehnte war er Experte und Leiter des Referenzlabors der Weltorganisation für Tiergesundheit (OIE / Paris) am Tierhygienischen Institut Freiburg (heute CVUA-Freiburg). Als Vorsitzender der wissenschaftlichen Kommission für Bienengesundheit des Weltbienenzuchtverbandes (Apimondia / Rom) beriet er über mehrere Jahrzehnte hinweg Regierungen, Organisationen und Bienenzüchter weltweit zu den Themen Bienengesundheit und nachhaltige Arbeitsweisen. Darüber hinaus ist er Autor zahlreicher wissenschaftlicher Publikationen und mehrerer Bücher zum Thema ökologische Bienenhaltung und Bienengesundheit.

Ute Schneider-Ritter ist Ingenieurin für Umweltschutz und beschäftigt sich beruflich mit der Ökologie von Gewässern am Regierungspräsidium Freiburg. Sie hat eine Ausbildung und große Erfahrung im Bereich Biodiversität und Ökosysteme. Ihre Diplomarbeit schrieb sie über die Rückstandsanalyse in Bienenprodukten und hat eine zusätzliche Ausbildung als biologisch-technische Assistentin mit dem Fachgebiet Bienenzucht und Bienenkrankheiten. Gemeinsam mit Wolfgang Ritter hat sie praktisch und wissenschaftlich mit verschiedenen Bienenarten in Asien und Afrika gearbeitet. Vor einigen Jahren gründeten sie das Startup BEES for the World, um vor allem die heimische Imkerei in Afrika zu erhalten. Seit über 40 Jahren imkern beide gemeinsam. Die Ereignisse rund um Bienen hält sie auf Fotos fest, die in Büchern, Zeitschriften und Wandkalendern erschienen sind.

DANK

Bei den Kolleg*innen von „Bees for the world“ (www.beesfortheworld.de) Martin Ritter und Gözde Okcu bedanken wir uns für die vielen Anregungen und Diskussionen sowie die kritische Durchsicht.

Einzelne Passagen dieses Buches wurden bereits von uns in der Fachzeitschrift bienen&natur veröffentlicht. Für die Unterstützung möchten wir uns bei Jürgen Schwenkel, Kerstin Neumann und Gilbert Brockmann bedanken.

LITERATUR

Zum Vertiefen und Weiterlesen

Barlage, A. · Gross, B. · Schuster, T.: **Gartenjahr.** Gräfe und Unzer, München 2018

Maurizio, A. · Schape, R.: **Das Trachtpflanzenbuch.** Ehrenwirth, München 1994

Nitzhold, J.: **Phänologie.** Mellinger Verlag, Stuttgart 1993

Pritsch, G.: **Bienenweide.** Kosmos, Stuttgart 2018

Ritter, W.: **Bienen gesund erhalten.** Ulmer, Stuttgart 2014

Ritter, W.: **Bienen naturgenmäß halten.** Ulmer, Stuttgart 2016

Ritter, W.: **Gute imkerliche Praxis.** Ulmer, Stuttgart 2016

Ritter, W.: **Varroa im Griff.** Sonderheft von bienen&natur, DLV, München 2019

Von Orlow, M.: **Natürlich imkern in Großraumbeuten.** Ulmer, Stuttgart 2020

Von Orlow, M.: **Mein Insektenhotel.** Ulmer, Stuttgart 2020

Schwarzer, E.: **Mein Bienengarten.** Ulmer, Stuttgart 2017

Westrich, P.: **Die Wildbienen Deutschlands.** Ulmer, Stuttgart 2018

Spezielle Hinweise

Conte Y. L. · Navajas, M.: **Climatic change – impact on bee populations and their illness.** OIE Revue, 2008

Kehrberger, S. · Holzschuh, A.: **Warmer temperature advance flowering in a spring plant more strongly than emergence of two solitary spring bees species.** PLOS ONE, 2019

Soroye P. · Newbold, T. · Kerr, J.: **Climate change contributes to widespread declines among bumble bees across continents.** Science, 2020

LINKS UND ADRESSEN

Die aktuellen Daten kann man im Internet abrufen.

Beim Deutschen Wetterdienst

Aktuell für die Bundesländer:
www.dwd.de/DE/leistungen/phaeno_uhr/phaenouhr.html

Aktuell für Naturräume:
www.dwd.de/DE/leistungen/phaeno_akt/phaenoakt.html

Karte der Naturräume:
www.dwd.de/DE/klimaumwelt/klimaueberwachung/phaenologie/daten_deutschland/naturraum_jultag/naturraumkarte_node.html

Bei den Landwirtschaftsdiensten der Bundesländer

Aktuelles Blühphasen-Monitoring (im Aufbau):
https://www.bienenkunde.rlp.de/Internet/global/inetcntr.nsf/dlr_web_full.xsp?src=YSD25V079K&p1=8U55BX396A&p3=165V7FS7SH&p4=HY3576SY58

Bei der Agrometeo für die Schweiz

www.agrometeo.ch/de/obstbau/phanologie

Bei der ZAMG für Österreich

www.zamg.ac.at/cms/de/klima/klima-aktuell/phaenospiegel

Bieneninstitute

Aktuelles über Vergiftungen beim Institut für Bienenschutz am JKI
www.julius-kuehn.de/bs

Webseiten der deutschen Bieneninstitute:
www.apis-ev.de/
webseiten-der-bieneninstitute.html

Webseite der AGES-Wien:
www.ages.at/themen/umwelt/bienen

Zentrum für Bienenforschung Schweiz:
www.agroscope.admin.ch/agroscope/de/
home/themen/nutztiere/bienen/zbf.html

Homepage der Autoren

www.bienengesundheit.info

Imker-Verbände

Deutscher Imkerbund:
deutscherimkerbund.de

Österreichischer Imkerbund:
www.imkerbund.at

Imkerverband Schweiz:
www.bienen.ch

BILDQUELLEN

Alle Fotos aus dem Innenteil sowie das Titelbild und die Bilder aus den Klappen stammen von den Autoren mit Ausnahme von:
Donat Waltenberger: S. 130 · Denis Anderson: S. 218, 219 · Eric Darrouzet: S. 160 unten links
Michael Duncan: S. 201 oben rechts · Jürgen Schwenkel: S. 90, 110, 199
gianpihada/Shutterstock.com: S. 154 · Patri20/Shuterstock.com: S. 112 unten links
Sadet Uslu /Shutterstock.com: S. 92 unten Mitte · smereka /Shutterstock.com1: S. 136 unten links
Deutscher Wetterdienst (DWD): S. 12, 13, 15, grafisch bearbeitet.

Die Zeichnungen fertigte Helmuth Flubacher nach Vorgaben der Autoren.
Die Icons wurden von Gözde Okcu angefertigt.

IMPRESSUM

Bibliografische Information der Deutschen Nationalbibliothek
Die Deutsche Nationalbibliothek verzeichnet diese Publikation in der Deutschen Nationalbibliografie; detaillierte bibliografische Daten sind im Internet über http://dnb.d-nb.de abrufbar.

Wollgrasweg 41, 70599 Stuttgart (Hohenheim)
E-Mail: info@ulmer.de
Internet: www.ulmer.de
Lektorat: Annette Flesch, Antje Munk, Jennifer Zajonz
Herstellung: Judith Schumann
Umschlaggestaltung: Atelier Reichert, Stuttgart
Layout und Satz: Antje Warnecke, nordendesign.de
Reproduktion: timeRay Visualisierungen, Jettingen
Druck und Bindung: Pustet, Regensburg
Printed in Germany

MIX
Papier | Fördert gute Waldnutzung
FSC® C014889

ISBN 978-3-8186-1140-8

HIER KÖNNEN SIE WEITERLESEN:

Gute Imkerliche Praxis.
Artgerecht, rückstandsfrei und nachhaltig.
W. Ritter. 2016. 236 Seiten, 216 Farbfotos,
43 farbige Zeichnungen, 20 Tabellen,
geb. ISBN 978-3-8001-0375-1.

Gute Imkerliche Praxis bedeutet gesunde Bienen sowie die Gewinnung von sicheren Lebensmitteln und anderen Bienenprodukten. Dieses Buch zeigt Ihnen, wie Sie Ihre Bienen artgerecht betreuen und umweltfreundlich Produkte gewinnen können. Viele Fotos und Checklisten helfen Ihnen dabei, durch standardisierte und dokumentierte imkerliche Tätigkeiten und Abläufe, Ihre Bienenvölker optimal zu führen, die relevanten Vorgaben von Arzneimittelgesetz, Bienenseuchenverordnung, Honigverordnung, Lebensmittelgesetz und anderer Vorschriften einzuhalten, dadurch Rückstände zu vermeiden und die Qualität Ihrer Bienenprodukte zu sichern.

FÜR GESUNDE BIENEN

Bienen gesund erhalten.
Bienenkrankheiten vorbeugen, erkennen und behandeln. Vom weltweit anerkannten Bienenexperten. W. Ritter.
3., erweiterte Auflage 2021. 256 Seiten, 158 Farbfotos, 62 Zeichnungen, geb.
ISBN 978-3-8186-0969-6.

Die Honigbiene ist das drittwichtigste Nutztier des Menschen. Die Varroa-Milbe ist die größte, aber nicht die einzige Bedrohung der Honigbiene. Wie Sie Ihre Völker führen und Krankheiten vorbeugen und bekämpfen können, erfahren Sie hier. Bienenexperte Wolfgang Ritter erklärt Ihnen wissenschaftlich aktuell und verständlich, wie Sie Ihre Bienen gesund erhalten. Ohne Vorurteile erklärt er, wann biologische, wann konventionelle Maßnahmen sinnvoll sind. Die Vorgehensweisen nach der Bienenseuchenverordnung und der Tierschutzverordnung zu kennen, ist Pflicht für jeden Imker. Die Nichtbeachtung von Meldepflichten kann sogar zu Strafen führen. Auch hier hilft Ihnen das Buch, richtig zu handeln.